I0052407

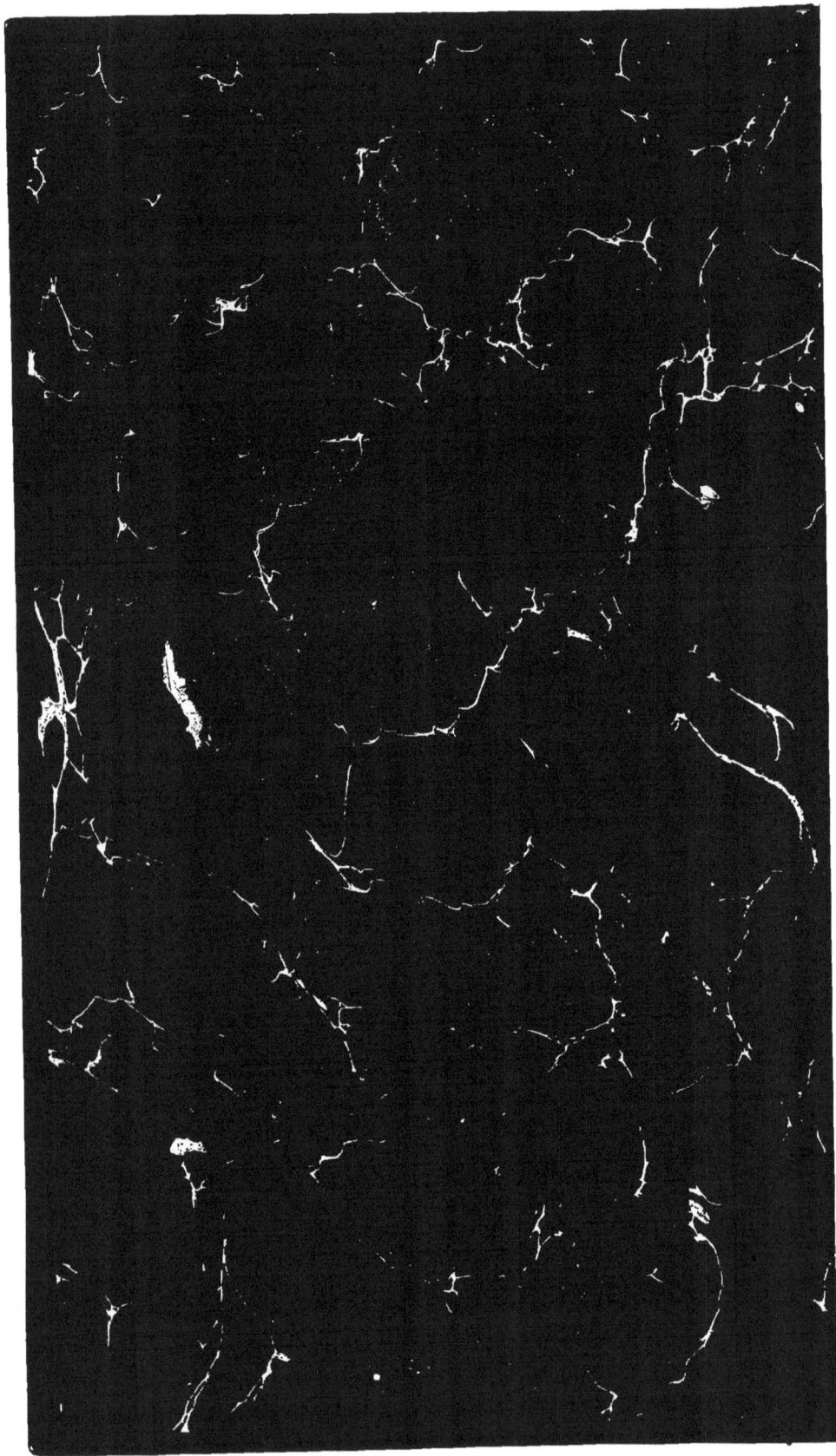

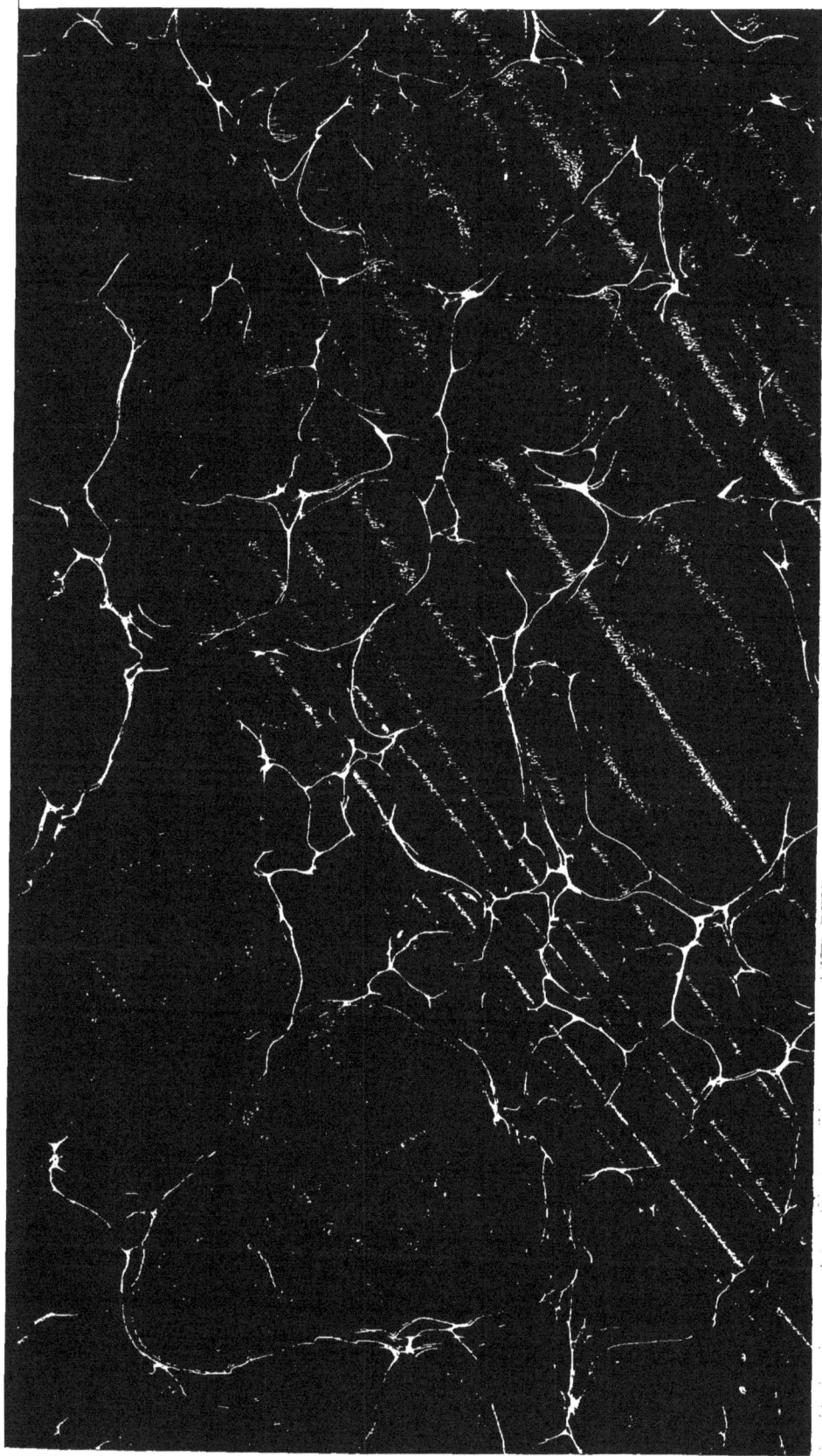

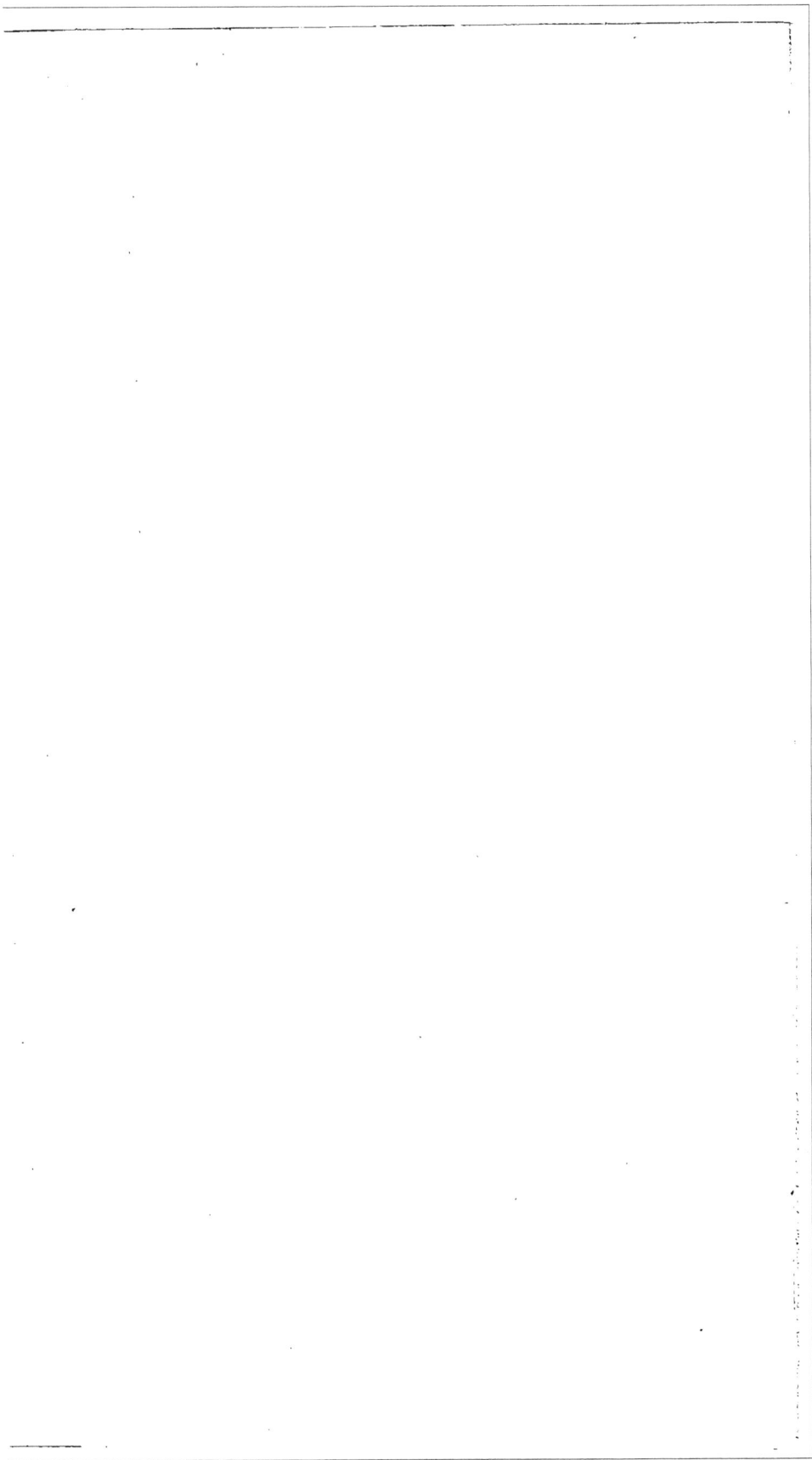

COMMENT ON PEUT CULTIVER

AVEC SUCCÈS

LE MURIER

DANS LE CENTRE DE LA FRANCE.

IMPRIMERIE D'E. DUVERGER,
rue de Verneuil, nᵒ 4.

COMMENT ON PEUT CULTIVER

AVEC SUCCÈS

LE MURIER

DANS LE CENTRE DE LA FRANCE

PAR

Hⁿ DE CHAVANNES DE LA GIRAUDIÈRE,

CHARGÉ PAR LE GOUVERNEMENT DE PLUSIEURS MISSIONS SÉRICICOLES,
DIRECTEUR DE LA PÉPINIÈRE DÉPARTEMENTALE DE METTRAY (INDRE-ET-LOIRE),
MEMBRE DE LA SOCIÉTÉ D'AGRICULTURE DE TOURS.

Dénaturer les faits pour appuyer ses théories
est une lâcheté.

PARIS

LIBRAIRIE AGRICOLE DE LA MAISON RUSTIQUE,

QUAI MALAQUAIS, 19.

DANS LES DÉPARTEMENTS

Chez tous les Libraires et Correspondants du Comptoir central de la Librairie.

1845

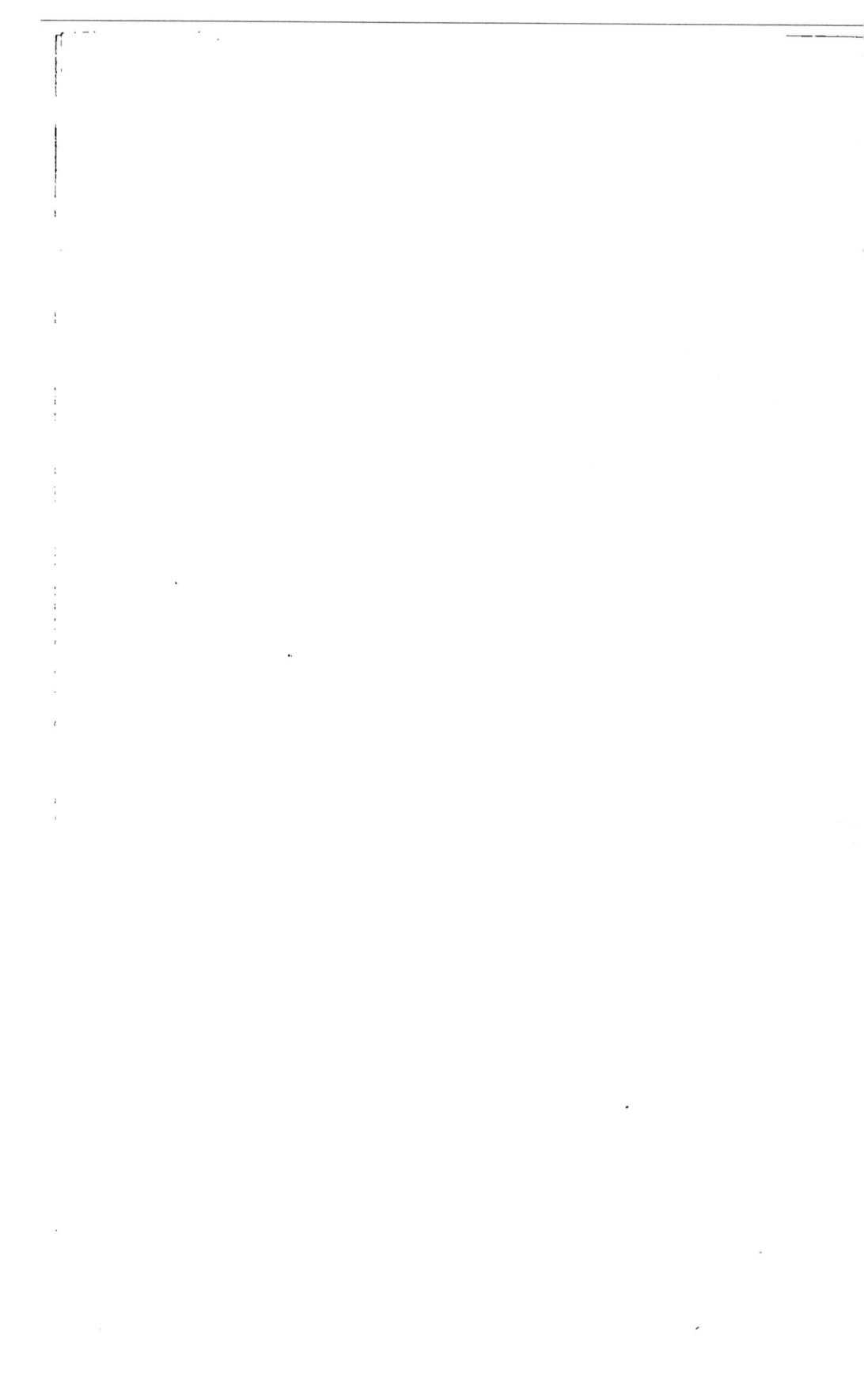

A M. d'Entraigues,

MAÎTRE DES REQUÊTES,

PRÉFET DU DÉPARTEMENT D'INDRE-ET-LOIRE.

———

Monsieur le Préfet,

Si le mérite d'une œuvre se mesurait aux efforts qu'elle a coûtés, au but qu'elle se propose d'atteindre, cette petite production serait plus digne de vous être offerte ; mais tout humble qu'elle soit, comme elle traite d'une question importante pour l'avenir de la Touraine, peut-être a-t-elle quelques droits à l'attention des hommes sérieux et dévoués au bien de leur pays.

Daignez donc, monsieur le Préfet, vous qui avez tant

fait pour me rendre facile la tâche que je me suis imposée dans votre département, daignez agréer ce travail comme un faible hommage de ma gratitude et de mon respect.

Votre très-humble et très-obéissant serviteur,

Hte DE CHAVANNES DE LA GIRAUDIÈRE.

PRÉFACE.

Cette brochure, je me hâte de le dire, n'est qu'une compilation ; mais ce n'est point une compilation faite au coin du feu. Si je n'ai rien inventé, j'ai du moins scrupuleusement vérifié tout ce que j'ai emprunté aux autres.

Voici comment je procédai quand je voulus spécialement m'occuper de mûriers et de vers à soie.

J'étudiai d'abord tout ce qui avait été écrit sur ce sujet ; je visitai ensuite un grand nombre de plantations, me faisant expliquer et les soins qui avaient présidé à leur création et les soins qu'elles recevaient encore; interrogeant sans cesse et partout, notant chaque avis et prêtant autant d'attention au fermier qui m'expliquait ses pratiques qu'au savant qui me développait ses théories.

C'est alors que, riche de conseils et d'observations, je me mis à l'œuvre pour mon compte personnel, sans prévention, sans exclusion, hors de tout esprit de système, essayant ce qui me semblait raisonnable, mais n'adoptant en définitive que les pratiques qui me donnaient *constamment* de bons résultats.

Ce sont elles que je propose aujourd'hui. Je n'ai pas la prétention de donner mon mode de culture comme le meilleur, comme le seul bon ; mais j'affirme en conscience qu'en le suivant à la lettre on créera rapidement et à peu de frais des plantations qui laisseront fort peu à désirer.

J'ajouterai que toutes mes expériences ayant été faites dans le centre de la France, c'est pour les planteurs de la Touraine et pour ceux des départements situés sous les mêmes influences climatériques que j'ai spécialement écrit.

On ne trouvera dans mon livre, ni controverses, ni discussions, ni critiques ; elles seraient déplacées dans un manuel aussi élémentaire que le mien.

DIVISION DE L'OUVRAGE.

─◄§✕§►─

Quatre chapitres composent ce traité. Dans le premier je m'occupe :

CHAPITRE PREMIER.

§ 1. Du terrain, de l'exposition, du climat, qui conviennent plus ou moins au mûrier.

§. 2. Des différents modes de plantation, des inconvénients et des avantages de chacun d'eux.

§ 3. Des différentes espèces de mûriers, des mûriers sauvages et greffés.

§ 4. J'examine enfin s'il faut se faire pépiniériste ou se procurer des arbres en état d'être immédiatement plantés à demeure.

CHAPITRE II.

Ce chapitre traite :

§ 1. Du semis, du bouturage, du marcottage, de la greffe.

§ 2. De la plantation à demeure.

§ 3. Des soins à donner aux mûriers pendant la première, deuxième et troisième année de leur plantation.

CHAPITRE III.

Soins d'entretien.

§ 1. Façons, fumiers, taille.

§ 2. Cueillette.

§ 3. Maladies des mûriers.

CHAPITRE IV.

§ 1. Mûriers considérés comme arbres d'agrément.

§ 2. Devis des frais de plantation et d'entretien d'un hectare de mûriers; rapport probable.

Conclusion.

COMMENT ON PEUT CULTIVER

AVEC SUCCÈS

LE MURIER

DANS LE CENTRE DE LA FRANCE.

CHAPITRE PREMIER.

§ 1.

Du terrain, de l'exposition, du climat, qui conviennent plus ou moins au mûrier.

Le mûrier ne demande pas un sol d'une nature particulière ; je l'ai vu végéter dans les argiles, dans les sables, parmi les rochers. Il prospère sous les rayons brûlants du soleil des tropiques, et brave les longs et rigoureux hivers du Danemarck. C'est peut-être le plus cosmopolite des grands végétaux.

Mais, pour nous, éducateurs de vers à soie, la véritable question n'est pas là. Il ne s'agit pas, pour nous, de savoir si le mûrier peut venir dans nos terres, mais s'il nous y donnera des produits abondants; si la place qu'il occupe dans nos champs est une place avantageusement occupée, plus avantageusement occupée qu'elle ne le serait pour tout autre végétal.

Je l'ai dit dans ma préface, toutes mes expériences ont été faites dans le centre de la France; là, je ne crains pas de le dire, il existe bien peu de domaines où l'on ne rencontrerait point quelques hectares de terre qui, complantés en mûriers, ne donneraient pas un produit net infiniment supérieur à celui de toutes les cultures usitées dans nos contrées.

Le mûrier croît dans tous les terrains avec une vigueur et une rapidité qui étonnera toujours les nouveaux planteurs, « *pourvu que ces terrains, perméables eux-mêmes, soient assis sur un sous-sol perméable ou en pente.* » Il ne craint pas les inondations fluviales, pourvu que ces inondations soient passagères, que les eaux s'écoulent ou s'égouttent complétement et ne restent stagnantes ni sur le sol ni dans la couche de terre où végètent ses racines.

Je suis cependant loin de prétendre que le mûrier ne viendra que dans les terres qui lui

offrent les conditions que je viens de signaler ;
il y croîtra, mais non pas avec ce luxe de vigueur et de santé qu'il déploiera dans les terrains
perméables ; ses feuilles seront molles et jaunâ-
tres, l'écorce de son jeune bois n'aura pas cette
belle teinte transparente qu'elle conserve tant
que l'arbre ne souffre pas. J'ai suivi la marche
de deux plantations de mûriers de même nature,
faites et conduites avec les mêmes soins, l'une
dans une terre perméable, l'autre dans une terre
qui ne l'était pas. Au bout de quelques années,
ces plantations offraient une dissemblance énorme,
et cependant la couche végétale où croissaient les
mûriers bien venants était une argile ferrugi-
neuse qui, pour tout mérite, reposait sur un sous-
sol pierreux, tandis que ceux dont l'état était
loin d'être prospère se trouvaient dans une terre
légère et fertile, mais assise sur un banc d'argile où les eaux ne pouvaient s'infiltrer.

L'exposition à donner aux mûriers n'est pas
chose différente ; s'ils végètent incontestablement
avec plus de vigueur dans les terrains frais, la
soie qu'ils produisent a moins d'éclat et de nerf,
parce que leurs feuilles plus aqueuses conviennent moins aux vers. Dans les pays éminemment
sérigènes, les soies de montagne sont toujours

plus estimées que les soies de plaines et de vallons. Voici à ce sujet des observations du plus grand intérêt faites par M. Émile Beauvais pendant un voyage entrepris en 1840 dans le midi de la France. « Orange, dit-il, jouit de la température la plus douce, la plus égale; le pays est ouvert, peu accidenté; les mûriers sont magnifiques, cependant les éducations n'y réussissent pas aussi bien, et les cocons n'y sont pas d'aussi bonne qualité que dans les Cévennes, contrée beaucoup plus froide et sillonnée par des vallées profondes. Les produits de la montagne sont, sans exception, supérieurs à ceux de la plaine. Si l'on se dirige des montagnes de l'Ardêche sur Saint-Ambroise et sur Alais, et que l'on s'informe du prix des cocons et de la feuille du mûrier, on se convaincra qu'il s'abaisse à mesure que l'on s'approche de la plaine; si d'Anduze on s'avance vers les plaines de Tornac et de Lezay, sur la rive droite du Gardon, pays ouvert et fertile, on s'assurera que la feuille du mûrier, et surtout les cocons, s'y vendent jusqu'à 20 p. 0/0 de moins qu'à Saint-Jean-du-Gard; enfin, en remontant le cours de l'Hérault, depuis les environs de Ganges jusqu'à la source de cette rivière, on verra que le prix de la feuille et des cocons est en quelque sorte échelonné en hausse de lieue en lieue, jusqu'au point où la température s'oppose à la végétation du mûrier. J'aurais pu produire ici un grand nombre d'exemples semblables, mais j'ai pensé devoir me borner aux observations que je viens de rapporter, et qui sont de nature à encourager les planteurs du nord qui se trouvent placés sous un climat bien plus protecteur encore que les hautes et froides montagnes des Cévennes. » (Ann. Séricicoles , tom. 4 , page 267.)

Ce seront donc les plateaux, les lieux bien aérés, que le planteur devra toujours choisir de préférence. Là, la feuille du mûrier, quelle que soit sa variété, restera plus petite, il est vrai, mais elle y acquerra des qualités précieuses : la soie qui en résultera sera nerveuse et brillante, et les races blanches y donneront des cocons offrant l'éclat et la pureté de la neige.

Il évitera au contraire les lieux bas et abrités, le voisinage des eaux stagnantes et des grandes forêts.

L'exposition au levant, c'est-à-dire le versant d'un coteau regardant l'est, et frappé par conséquent des premiers rayons du soleil , est la plus dangereuse des expositions. Les gelées blanches ravagent souvent les plantations ainsi situées. Cela s'explique : les bourgeons du mûrier se développent de fort bonne heure au printemps, et quelquefois un réseau de glace les couvre avant l'aurore. Si cette glace, par la chaleur croissante de l'atmosphère se fond lentement et à l'ombre, le dommage est nul ou bien peu de chose. Mais si, au contraire, ils sont surpris dans cet état par les premiers rayons du soleil, ils sont presque toujours complétement désorganisés, brûlés, selon l'expression des jardiniers.

Or, les bourgeons des mûriers placés sur un sol incliné vers l'est, recevant l'action du soleil dès qu'il paraît à l'horizon, n'échappent presque jamais à l'action destructive des gelées blanches, tandis que les plantations du versant opposé n'en souffrent aucunement, parce qu'elles sont sèches ou du moins ressuyées lorsque le soleil les atteint.

Quand une mûreraie a été ainsi brûlée, non-seulement l'époque de la cueillette se trouve reculée quelquefois de quinze à vingt jours, mais la destruction des yeux principaux forçant les sous-yeux à se développer, le développement de ceux-ci donne des pousses beaucoup plus grêles, ce qui diminue notablement l'importance de la récolte.

Un moyen certain de prévenir les ravages d'une gelée blanche serait d'arroser, un peu avant le lever du soleil, tout le jeune bois d'un mûrier. Cette opération serait fort utile en certaines circonstances; ainsi, par exemple, un éducateur qui aurait mis sa graine à l'éclosion, et qui craindrait, par suite d'une gelée blanche, d'être obligé de jeter ses vers faute de feuilles pour les nourrir, pourrait, à l'aide d'une pompe à main, faire asperger en quelques heures toute une haie de mûriers, qui suffirait à l'alimentation première de ses vers.

On conçoit que l'effet de cet arrosage est de fondre doucement le givre dont les bourgeons sont couverts, et d'ôter à l'action du soleil son influence désorganisatrice.

Toutes les autres expositions ont des avantages et des inconvénients qui se balancent à peu de chose près. Au nord, la végétation est plus tardive, mais plus sûre et tout aussi vigoureuse qu'au midi. Au midi, elle est plus précoce et permet à l'éducateur de mettre éclore huit à dix jours plus tôt; mais l'influence des gelées tardives s'y fait encore quelquefois sentir. L'ouest est de toutes les expositions la meilleure peut-être; un peu plus hâtive que celle du nord, moins précoce

que celle du sud , si elle n'offre au même degré aucuns de leurs avantages , elle ne participe du moins à aucuns de leurs inconvénients.

De ce qui précède , je conclurai qu'un planteur doit, autant que possible, disséminer ses plantations en trois ou quatre points de son domaine , et tâcher surtout d'avoir une centaine de mûriers placés à une exposition chaude , afin de commencer ses éducations de bonne heure , ce qui est toujours un bien. Une haie de mûriers d'une cinquantaine de mètres , abritée par un mur regardant le midi , lui permettra presque toujours de faire éclore sa graine huit à quinze jours plus tôt que ses voisins privés d'un bout de plantation ainsi exposé.

Je terminerai ce paragraphe en recommandant de toutes mes forces aux planteurs de s'arranger de manière à ce que leur magnanerie se trouve au centre de leurs mûriers ; c'est une économie notable dans les frais généraux d'une éducation , c'est de plus un gage de succès. Car, d'une part, les cueilleurs travaillent pour ainsi dire sous les yeux et à portée de l'éducateur, qui ne peut guère quitter son atelier, et d'un autre côté , la rentrée des feuilles en temps de pluie s'effectue avec toute la promptitude possible.

§ 2.

Des différents modes de plantation.

On peut adopter quatre modes de plantation :

1° Les arbres *hautes tiges*, c'est-à-dire ceux dont la tête est formée à environ deux mètres d'élévation ;

2° Les *mi-tiges*, dont la tête est formée à environ un mètre d'élévation ;

3° Les *nains*, dont on place la tête le plus bas possible (1) ;

4° Les *haies*, qui sont des nains placés en ligne et très-rapprochés les uns des autres.

Chacun de ces modes de plantation a ses avantages et ses inconvénients. Je vais les signaler, afin que le planteur les pèse et se décide en connaissance de cause.

Le mûrier haute tige est celui qui fait le plus

---

(1) Le seul inconvénient réel des mûriers nains est d'être les plus exposés aux gelées blanches. Chaque propriétaire connaît la partie de son héritage où elles sévissent le plus souvent ; s'il plante dans ces endroits-là, il devra former la tête de ses nains à cinquante centimètres et même à soixante-quinze centimètres de hauteur. Dans les terrains, au contraire, rarement atteints par les gelées tardives, il pourra former la tête de ses nains presque ras terre.

attendre ses produits. Ce n'est d'ordinaire qu'après sept ou huit ans de mise en place que sa cueillette peut commencer. De plus, elle est beaucoup plus dispendieuse que pour des arbres nains ; elle ne peut être bien faite que par des hommes et demande tout un attirail d'échelles simples ou doubles. Les pieds, en outre, doivent être très-espacés, puisqu'il faut entre chaque arbre un intervalle d'au moins huit mètres. Il s'ensuit naturellement que pendant une quinzaine d'années un hectare de mûriers haute tige rapportera infiniment moins qu'un hectare de mûriers mi-tige ou nains. Enfin la perte d'un mûrier haute tige est une perte réelle, très-longue à réparer. Mais voici le beau côté de la médaille ; si le mûrier haute tige fait attendre son produit, il devient considérable au bout de vingt à vingt-cinq ans et s'accroît pendant plus d'un demi-siècle ; de plus, il est très-rarement atteint par les gelées blanches, ses feuilles ne craignent pas la dent des bestiaux, et sa tête élevée permet de façonner facilement à la charrue tout le terrain qu'il ombrage.

Le mûrier mi-tige, fort préconisé par quelques auteurs, est un mode de plantation vicieux sous presque tous les rapports. Il a tous les inconvé-

nients des hautes tiges sans en avoir les avantages ; sa cueillette ne peut se faire sans échelle ; il
est trop bas pour braver la dent des bestiaux et
pour qu'un attelage puisse circuler sous son feuillage ; sa croissance, un peu plus rapide, il est
vrai, que celle du mûrier haute tige, est beaucoup plus lente que celle du mûrier nain, dont il
partage la durée ; son seul avantage est de craindre un peu moins les gelées printanières. Plan-
tons des hautes tiges pour nos enfants, des nains
pour nous, et ne formons la tête d'un mûrier à
un mètre du sol que quand nous ne pourrons pas
faire autrement.

Ce sont les mûriers nains que je conseillerai
toujours aux nouveaux planteurs, aux personnes
qui manquent de feuilles pour commencer le cours
de leurs éducations de vers à soie ; ils offrent quelques inconvénients, il est vrai, mais ils sont amplement rachetés par les avantages qu'ils présen-
tent.

Le nain pousse rapidement, peut très-souvent
se cueillir dès la quatrième année de sa mise en
demeure. S'il dure moins que l'arbre à haute
tige, dans son existence présumable de trente à
quarante ans, il donne une énorme masse de
feuilles que des femmes, des enfants, des vieil-

lards, qui n'oseraient ou ne pourraient grimper sur des échelles, cueillent avec la plus grande facilité. Au bout de cinq à six ans, un hectare de mûriers nains suffit à l'alimentation de quarante grammes d'œufs. Enfin, il se taille plus commodément et par conséquent mieux, et dans un moment de presse on peut en quelques heures cueillir sur des arbres de cette forme une grande masse de feuilles : avantage précieux, incalculable, lorsque les pluies viennent contrarier la fin d'une éducation. Son seul inconvénient réel est, dans les terrains bas, d'être plus fréquemment atteint par les gelées blanches que les arbres plus élevés, mais il suffit souvent de former sa tête à cinquante ou soixante centimètres pour l'en préserver.

Quant aux haies de mûriers, c'est toujours par elles qu'un propriétaire qui entre dans l'industrie séricicole doit commencer. On appelle ainsi des mûriers nains placés en ligne à un mètre les uns des autres ; un intervalle de cinq à six mètres sépare chacune de ces lignes. Ces haies ne durent qu'une vingtaine d'années, mais elles offrent l'immense avantage de pouvoir être récoltées dès la troisième année, et leur produit, eu égard au petit espace de terrain qu'elles occupent, est incomparablement supérieur à celui de tous les autres modes de plantation, puisque dès la cinquième année un hectare de mûriers en haie pourrait suffire à l'alimentation des vers provenant de cent grammes d'œufs.

Ce serait entrer dans une mauvaise voie que de n'adopter qu'un seul des modes de plantation que je viens de citer, sauf les mi-tiges, que je ne crois pas devoir conseiller; le mieux serait, dans le cas où par exemple on consacrerait cinq hectares aux mûriers, de complanter trois hectares en arbres nains, un hectare cinquante ares en hautes tiges, et cinquante ares en haies.

§ 3.

Des différentes variétés de mûriers, des mûriers sauvages et greffés.

J'avoue que ce paragraphe m'embarrasse assez; il n'existe point de catalogue de mûriers; leur nomenclature est à faire, puisque la même variété change de nom d'un département et quelquefois d'un canton à un autre. Cet état de choses est réellement déplorable, car chaque pépiniériste adoptant les noms de sa localité, il devient très-difficile de désigner par lettre la variété que l'on désire. Chargé dans Indre-et-Loire de la direction d'un établissement spécialement consacré à la culture du mûrier, j'y ai introduit à peu près toutes les variétés cultivées, et j'ai été forcé de leur donner les noms que portaient leurs étiquettes quand ils m'ont été expédiés.

Ces noms, je les leur maintiendrai, quoique j'aie aujourd'hui acquis la certitude que la plupart ont une signification purement locale, parce que le même arbre a presque autant de noms qu'il y a de départements séricicoles. Du reste, je suis persuadé que les mûriers jouent et varient constamment. Le terrain où ils végètent, les influences climatériques, celles qui naissent de leur exposition, agissent si fortement sur eux, qu'elles changent leurs feuilles et même leur port. Il serait donc impossible de fixer une variété, même par la greffe. Je parle ici par expérience, selon mon habitude; deux greffes prises sur le même arbre et placées sur deux sujets différents m'ont offert au bout de quelques années un aspect tout particulier, parce que les deux sujets végétaient dans une terre et à une exposition à la vérité absolument différentes, quoiqu'ils ne fussent pas à cinq cents mètres l'un de l'autre; pour l'éducateur c'étaient deux variétés distinctes (1).

_____

(1) Je dis, pour l'éducateur, et non pour le botaniste. Je profite de

Il existe une demi-douzaine de variétés d'élite.
Je crois que c'est une bonne méthode de les planter pêle-mêle, afin d'avoir tous les ans une récolte
de feuilles plus régulière. Ces diverses variétés,
végétant plus ou moins bien selon que l'année
sèche ou humide leur convient mieux, permettront au propriétaire de calculer plus sûrement la
masse de feuilles dont il peut disposer pour chaque
éducation. Je crois en outre que, certaines variétés
résistant mieux à la sécheresse et d'autres à l'influence pernicieuse d'un printemps pluvieux, la
qualité commune de la masse entière de feuilles
ne sera jamais mauvaise, même dans les saisons
les plus défavorables.

(Voir à la fin de la brochure le catalogue des meilleures variétés cultivées à la pépinière départementale de Mettray. Une
courte appréciation accompagne leur désignation, et j'ai de plus
ajouté quelle était la forme que je leur avais donnée et dans quelle
nature de terre elles végètent.)

Il me reste à parler du mûrier multicaule ou
Perrotet. Il est peu d'arbres sur lesquels on ait
plus écrit, peu d'arbres qui aient eu de plus

l'occasion, pour avertir mon lecteur que je n'envisage jamais le mûrier que sous le point de vue d'un magnanier; il n'entre pas dans
mon plan de faire soit de la botanique soit de la physiologie végétale.

zélés apologistes, de plus ardents détracteurs. Je ne vois qu'une manière d'expliquer des jugements si divers portés par des hommes également recommandables; c'est que chacun l'a apprécié d'après ses propres résultats, et que ces résultats ont varié selon la situation topographique, selon l'exposition, selon la nature du sol de chaque expérimentateur. En effet, il est des coins de terre privilégiés où il ne gèle jamais, où il vient supérieurement : ce sont les sables gras et fertiles, les falaises, pour me servir d'une expression de Touraine. Au château de Chenonceaux il prospère à merveille et alimente presque seul ces éducations automnales qui réussissent si bien à Mme la comtesse de Villeneuve.

Quant à moi, n'ayant jamais eu de terres de cette nature à ma disposition, le multicaule ne m'a jamais payé des peines qu'il m'a données; cependant j'engage chaque propriétaire à en essayer sur une petite échelle; sa culture est facile. Voici comment le traite M. Bouton de Châteaudun, qui le cultive avec un succès constant depuis plusieurs années; je le laisse parler lui-même :

« Pour conserver le multicaule il faut le recéper en novembre, le butter avec soin; dans les terres légères et sableuses, il faut battre ces terres en formant le cône de manière à empêcher les eaux pluviales de s'infiltrer. Cette opération remplace avec avantage le fumier des Chinois ; en retardant plus ou moins le débuttage, on retardera aussi la végétation.

« Mais, dira-t-on, ce sont des frais de plus ; ces frais de six à sept francs par arpent ne sont pas perdus ; ils ameublissent beaucoup le sol ; ils ont lieu d'ailleurs dans l'Inde et la Chine, comment espérer s'en affranchir en France? » (Ann. Séricicoles, vol. 3, page 271.)

Quels que soient les succès de M. Bouton, je crois que c'est à tort qu'un cultivateur de mûriers fonderait sur le multicaule de grandes espérances avant d'en avoir essayé pendant plusieurs années, avant de s'être bien assuré que son sol, que son exposition lui sont favorables. J'ai vu des plantations de plusieurs milliers de pieds disparaître par l'effet d'un seul hiver qui avait offert de brusques alternatives de gelées et de pluies.

Mûriers sauvages et greffés.

On s'est beaucoup occupé depuis quelques années de la question de savoir si les mûriers sauvages étaient meilleurs pour les vers que les mûriers

greffés. M. Robinet, qui a fait pénétrer l'industrie
séricicole si avant dans le sanctuaire de la science,
a rigoureusement calculé la quantité de matière
soluble contenue dans les feuilles sauvages et greffées, dont il a poussé l'analyse aussi loin que possible. Simple praticien, je dois me contenter de
considérer cette question sous un point de vue
purement industriel, et dès lors elle se simplifie
singulièrement.

En effet, peu importe au producteur que la
feuille du mûrier sauvage soit plus saine pour les
vers, plus riche en soie que les feuilles greffées,
il n'élève des vers ni pour son plaisir ni pour leur
bien-être, il les élève pour produire avec une étendue donnée de terre et au meilleur marché possible le plus de soie possible.

Si donc il lui est bien prouvé qu'un hectare de
mûriers greffés lui offrira, en moins de temps,
une quantité de feuilles incomparablement plus
forte qu'un hectare de mûriers sauvages ; que dix
cueilleurs ramasseront par jour plus de feuilles
greffées que vingt cueilleurs ne ramasseront de
feuilles sauvages, la question se trouve tout naturellement résolue pour lui, puisqu'il sait que
si proportionnellement il lui faudra pour ses vers
un peu plus de feuilles greffées qu'il n'en emploie-

rait de sauvages, cette différence sera tellement insignifiante, qu'elle deviendra plutôt du ressort de la science que de l'industrie proprement dite.

Or donc, pour acquérir la conviction dont je parle, il lui suffira d'examiner quelques mûriers greffés placés à côté de mûriers sauvageons : les premiers poussent des jets droits, longs d'un à deux mètres, qui se dépouillent en un instant ; tandis que l'autre, quelle que soit l'habileté de la main qui le taille, se couvre ordinairement de ramilles qu'il faut éplucher une à une. Quant à la feuille du mûrier sauvage, elle ne saurait entrer en comparaison avec celle du mûrier greffé, dont la végétation est aussi beaucoup plus rapide, en sorte que le rendement des deux espèces diffère toujours d'un tiers.

Enfin, quelles que soient comparativement les qualités nutritives des deux feuilles, il est constant que les magnaneries, alimentées par des feuilles greffées, donnent d'aussi beaux produits que celles alimentées par des feuilles sauvages, et que s'il y a relativement quelque différence entre la quantité de feuilles consommées et la quantité de cocons ou de soie produite, l'avantage n'est pas constamment du côté des feuilles sauvages ; cela tient, je crois, à ce que la feuille sauvage se flétrit généralement plus vite que la feuille greffée, qui est aussi moins chargée de mûres et de ramilles.

Je conseillerai donc à tout planteur de donner une préférence décidée au mûrier greffé ; qu'il se contente d'une haie de mûriers sauvages ; je la regarde comme indispensable pour trois raisons : 1° parce que les mûriers sauvages, entrant en végétation un peu plus tôt que les mûriers greffés, lui permettront de commencer son éducation de meilleure heure, ce qui est toujours un bien ; — 2° parce que ses vers naissants trouveront une nourriture parfaite sous tous rapports ; — 3° parce que les mûriers greffés auront plus de temps pour développer leurs belles et larges feuilles avant la cueillette.

Je ne finirai point ce paragraphe sans avouer que j'ai vu quelques mûriers sauvageons qui rivalisaient, par la beauté et l'abondance de leurs feuilles, par la longueur de leurs jets, avec les meilleures espèces greffées ; je les ai même multipliés par la greffe, les semis, provenant de graines recueillies sur ces arbres, ne m'ayant donné que des sujets ordinaires. Ces mûriers devant être considérés comme de rares exceptions, on comprendra qu'ils n'ont pu changer mes convictions relativement à la préférence entière à donner aux arbres greffés.

§ 4.

Celui qui veut se livrer à l'industrie séricicole doit-il se faire pépiniériste, c'est-à-dire chercher à produire lui-même les mûriers qui serviront à ses plantations futures et définitives?

Non, sous peine d'user, en pure perte peut-être beaucoup d'argent et de s'entourer de difficultés sans nombre.

Voici ce qu'écrivait à ce sujet M. Camille Beauvais, l'homme dont la franchise, le désintéressement, la ténacité ne sauraient recevoir trop d'éloges; l'homme qui a imprimé à l'industrie séricicole un mouvement immense, qui l'a tirée des ornières de la routine, qui l'a transportée d'un seul bond du midi au nord de la France; qu'aucun obstacle, qu'aucun sacrifice, qu'aucun échec n'a arrêté : beaucoup d'autres avant lui s'étaient occupés de vers à soie, avaient posé des préceptes, publié des traités, donné des conseils; mais soit que leurs écrits eussent manqué de retentissement, soit pour toute autre cause, une chose incontestable c'est qu'ils ne se sont pas traduits en faits.

Depuis Olivier de Serres, M. Camille Beauvais est le premier en France qui ait agi sur les masses ; c'est le premier qui ait remué les éducateurs et dont les œuvres laisseront une trace profonde dans la constitution séricicole de la France. On peut marcher sur ses traces, l'égaler, le surpasser peut-être, mais à lui le mérite de l'impulsion donnée.

On me pardonnera, j'espère, cet hommage payé à un homme de bien dont les titres à la reconnaissance du pays ne peuvent être, sans injustice, ni méconnus ni oubliés.

« J'ai dit que je ne chercherai jamais à pallier les fautes dans lesquelles je suis tombé, heureux si je pouvais faire éviter de semblables erreurs à ceux qui seraient tentés de m'imiter. Eh bien ! une de mes plus grandes erreurs a été de penser que des arbres venus de semis et élevés sur le sol où ils étaient nés et où ils devaient prendre tout leur développement, pourraient seuls m'aider à surmonter les difficultés de mon entreprise. J'ai voulu créer des sujets et ne planter que des mûriers sortant de mes pépinières. Entouré des meilleurs ouvrages qui ont traité la question, secondé par des ouvriers les plus habiles, je croyais pouvoir obtenir quelques succès, je n'ai fait que retarder l'émancipation de mon établissement, et j'ai acquis la conviction que l'art du pépiniériste ne pouvait être improvisé, qu'il demandait de longues années, et qu'il devait être laissé aux hommes spéciaux qui en ont fait leur état et s'y consacrent tout entiers. Les pépiniéristes de Bagnols, ou de tout autre point du midi, opèrent, à peu près à coup sûr, non-seulement pour les semis, mais encore pour la greffe, cette partie si délicate de leur art; ils savent, à ne pas s'y tromper, dans quel état doit être le bouton lorsqu'il faut lever les scions destinés à la greffe; ils savent quels sont le mois, le jour, l'heure, pour ainsi dire, les plus favorables pour greffer ces scions; ils connaissent toutes les influences atmosphériques qu'il faut craindre ou rechercher : c'est qu'ils vivent sous l'expérience de longues et anciennes traditions. Pour nous, au contraire, planteurs de mûriers dans le nord de la France, tout devait être hésitation et incertitude dans cette partie de nos travaux; de là des mécomptes funestes et un temps irréparable perdu. Je dois donc supposer qu'éclairés par les exemples de leurs devanciers, les propriétaires du centre de la France craindront de s'exposer à toutes les chances de la pépinière et ne planteront que des sujets tout élevés.»

Je n'ajouterai aucune réflexion à ces lignes empreintes d'une si noble bonne foi; ceux qui ne profiteront pas de l'exemple de M. Camille Beauvais, qui avait autour de lui tant d'éléments de succès, doivent s'attendre à bien des déceptions, à bien des mécomptes, surtout si c'est par des motifs d'économie qu'ils se décident à produire eux-mêmes leurs mûriers. Il est fort probable qu'après plusieurs années ils seront obligés, de guerre lasse, de renoncer à leur entreprise. Si à force de persévérance ils parvenaient à créer des plantations définitives, je pose comme certain que sans compter l'intérêt de cinq ou six années perdues, car le temps est aussi un capital, ces plantations leur reviendraient beaucoup plus cher que s'ils avaient pris chez un bon pépiniériste des arbres en état d'être mis en place.

Nota. Ayant toujours tiré mes arbres de chez le même pépiniériste, je ne saurais indiquer que lui en certaine connaissance de cause. M. L. Vasseur, pépiniériste à Valence (Drôme), a toujours parfaitement rempli les commandes que je lui ai adressées, soit pour moi, soit pour mes amis. Il a jusqu'ici pleinement justifié la confiance que je lui ai accordée.

CHAPITRE II.

§ 1.

Du semis, du bouturage, du marcottage, de la greffe.

Si je ne crois ni sage ni prudent de se faire pépiniériste, je conseillerai cependant à celui qui veut se livrer à la culture du mûrier de consacrer quelques planches de son jardin à l'établissement d'une petite pépinière. Là, il pourra se familiariser peu à peu et sans risques avec la première éducation des mûriers ; il s'y occupera de semis, de bouturage, de marcottage ; il se fera la main à placer les différentes greffes ; en un mot, il ne restera étranger à aucune de ces opérations plutôt délicates que difficiles du pépiniériste, et qui ne demandent pour réussir que du tact et de l'à-propos. Mais que ces deux choses sont longues à acquérir ! je m'occupe depuis bien des années presque exclusivement de la culture du mûrier, et j'avoue que pour tout ce qui concerne les opérations que je viens de citer, je regarde encore les succès que j'ai obtenus comme plutôt dus au hasard qu'à mon habileté, et cependant j'ai suivi avec tout le soin dont je suis capable les leçons d'habiles pépiniéristes, pour qui la production des mûriers n'est qu'un jeu ; d'où je suis en droit de conclure que si les mêmes pratiques ne me donnent pas les mêmes résultats, cela tient à une foule de modifications presque insignifiantes en apparence que nécessite l'état de notre sol, de notre atmosphère, qui diffèrent beaucoup de celui des climats méridionaux.

J'ajouterai qu'un jardin d'étude est indispensable au cultivateur de mûriers, parce qu'il n'est pas permis à celui qui se livre à l'industrie séricicole de rester étranger à aucune des branches de cet art.

Les semis de mûriers, qui dans des climats moins rigoureux que le nôtre se font tantôt dès que la graine est mûre, tantôt au mois d'avril, ne peuvent s'opérer chez nous qu'au printemps, lorsque la température est décidément redevenue douce.

On sème soit à la volée, soit en lignes.

Je préfère cette dernière méthode.

Le terrain sera ameubli, défoncé à cinquante centimètres, et amendé avec du fumier bien consommé.

La meilleure graine est celle que l'on récolte soi-même sur les plus beaux sujets greffés de sa plantation (1). Voici comment on la prépare.

Quand les mûres sont arrivées à une maturité parfaite et se détachent de l'arbre à la plus faible secousse, on les laisse complétement sécher à l'ombre; une fois sèches, on les écrase entre les doigts, et la graine se retrouve facilement parmi la pulpe, qui sous la pression de la main s'est réduite en poussière. Cette méthode, quoique plus longue, est bien préférable à celle des lavages successifs au moyen de laquelle on extrait la graine contenue dans les mûres; elle doit être abandonnée aux grainetiers, qui trop souvent n'ont qu'un seul but, celui de se procurer, au meilleur marché possible, de la semence qui plaise à l'œil. Or, il est vrai que la graine lavée est plus nette, plus

(1) Il est bien entendu que les porte-graines ne seront point effeuillés.

brillante que celle obtenue par le premier procédé, mais elle lève positivement moins bien.

Cette graine demande à être fort peu enterrée, surtout dans les sols plutôt fermes que sablonneux. Convenablement arrosée, elle lève dans le courant du mois selon la température.

Dès que le plant a quatre feuilles, il s'agit de l'éclaircir. Pour cela, on pose une main à plat sur le sol de manière à ce que le jeune plant que l'on veut enlever passe entre le doigt annulaire et celui du milieu; par cette précaution on l'arrache sans soulever ceux qui se trouvent à côté et que l'on conserve; il ne reste plus ensuite qu'à biner, sarcler et arroser pendant les sécheresses. Les soins de la première année se bornent là.

A l'automne, les jeunes mûriers doivent avoir atteint de vingt-cinq à soixante-quinze centimètres de hauteur et la grosseur d'un tuyau de plume d'oie.

La seconde année on met en pépinière les plus beaux pieds, ceux au-dessus de cinquante centimètres, en les espaçant de vingt centimètres au moins. Pour cela on les déplante avec soin, on coupe le pivot, et l'on rabat la tige à deux ou trois yeux. Bientôt plusieurs bourgeons se développent; quand ils ont acquis une dizaine de cen-

timètres on les rabat ras terre, à l'exception du
plus beau que l'on conserve seul. Il devient par-
fois assez fort pour recevoir une greffe au printemps suivant, si l'on a constamment le soin de
le purger des faux bourgeons qui se développent
à l'aisselle des feuilles. Je crois inutile de dire que
les façons ne doivent point être épargnées.

Si le jet n'était pas assez fort pour être greffé
le troisième printemps, on le rabattrait de nouveau et l'on opérerait absolument comme l'année
précédente.

Si l'on voulait avoir un mûrier sauvageon, on
pourrait le mettre en place lorsqu'il serait bon à
être greffé.

Le marcottage ou couchage est un genre de
multiplication fort pratiqué en Italie, mais que
nos pépiniéristes emploient peu, sans doute parce
qu'ils trouvent le semis plus facile ou du moins
plus avantageux. Cette opération n'offre que peu
ou point de difficultés ; tous les jardiniers la connaissent et l'emploient pour certains arbres fruitiers ou d'ornement ; on opère absolument de la
même manière pour le mûrier.

Quant au bouturage, il est aussi peu usité ; on
ne l'emploie communément que pour le multicaule, qui reprend ainsi avec la plus étonnante

facilité. Tous mes essais pour bouturer des mûriers greffés m'ont donné jusqu'ici de pauvres résultats ; le mûrier sauvage offre une reprise plus facile, mais les sujets venus de semis m'ont toujours paru préférables. Comme je me suis posé pour règle invariable en publiant ce petit livre de ne conseiller que des pratiques que j'avais personnellement vérifiées, je dirai peu de chose du bouturage, qui m'a toujours mal réussi. C'est probablement ma faute, car j'ai vu de très-beaux mûriers greffés qu'on m'a assuré provenir de boutures. J'ignore le procédé suivi, qui m'a probablement été mal expliqué, car mes efforts ne m'ont donné jusqu'ici aucun résultat constant et positif.

On greffe ordinairement le mûrier ras terre. Cette méthode doit être préférée à celle suivie dans quelques localités, et qui consiste à placer la greffe au point le plus élevé du tronc, car, outre qu'elle est plus sujette à être décollée par l'effort du vent, la partie greffée de l'arbre grossissant beaucoup plus vite que celle qui ne l'est pas, il se forme un peu au-dessus de la greffe un gros bourrelet, un renflement très-désagréable à l'œil. Cette pratique n'offre, du reste, aucun avantage qui lui soit propre ; c'est une habitude locale que l'on n'a même pas pu me motiver d'une manière sinon satisfaisante, du moins spécieuse.

Quelques pépiniéristes ne font usage que de la greffe en écusson; d'autres ont adopté celle en flûte ou chalumeau; beaucoup les emploient toutes deux. Je les crois à peu près également bonnes, mais la première est beaucoup plus expéditive que la seconde.

La greffe en écusson se pratique dans le courant du mois de juin ou d'août. Dans le premier cas, elle s'appelle greffe à œil poussant; dans le second, greffe à œil dormant.

La première réussit mieux dans le centre de la France. Je donne ce fait comme positif; j'ai vu d'habiles greffeurs du midi qui, chez eux, plaçaient des milliers de greffes sans en manquer une seule, échouer complétement aux Bergeries, chez M. C. Beauvais, en écussonnant au mois d'août. On ne peut raisonnablement l'attribuer qu'à leur inexpérience du climat et des influences atmosphériques, évidemment différentes de celles des lieux où ils ont l'habitude d'opérer.

Je ne crains pas de le dire, la greffe du mûrier est chez nous une étude à faire. J'ai réussi comme beaucoup d'autres, et si je m'étais hâté de publier quelques bons résultats que j'ai obtenus, j'aurais induit en erreur, j'aurais leurré de vaines espérances les personnes qui m'auraient fait l'honneur d'attacher quelque importance à mes paroles, puisque les procédés qui m'avaient complétement réussi une année ont, l'année d'après, singulièrement trompé mon attente.

La greffe du mûrier est pour nous une étude à faire, étude longue, minutieuse et d'autant plus difficile, que l'expérience de nos confrères d'Italie et du midi de la France ne nous sert presque à rien. Nous avons à créer, par une série d'expérimentations conduites avec suite, avec intelligence, tout un système de greffe aussi sûr que celui usité ailleurs mais approprié aux phénomènes naturels sous lesquels nous vivons.

Voici comment les pépiniéristes opèrent dans le midi, et leurs méthodes peuvent et doivent servir de base à nos essais. Seulement la greffe à œil poussant, soit en écusson, soit en flûte, nous ayant été la moins rebelle, c'est d'elle que nous devons principalement nous occuper.

Après l'hiver, lorsque les yeux commencent à donner signe de vie, à grossir, on coupe les branches destinées à fournir les écussons. Ces branches doivent être enterrées dans du sable, sous un hangar situé au nord.

Vers le mois de juin, quand la sève est dans toute sa puissance, on lève les écussons au fur et à mesure que l'on en a besoin, et l'on greffe les jeunes sujets ras terre, selon la méthode employée pour les arbres fruitiers (1); seulement, et ceci est important, au lieu d'ouvrir l'écorce du sujet en forme de T, on l'ouvre en forme de ⊥ renversé. Voici les motifs de cette manière d'agir : la sève du mûrier est très-abondante; avec le T droit elle sort en quantité de l'incision transversale supérieure, et noie l'œil assez souvent, ce qui n'arrive presque jamais si l'incision a été faite en ⊥ renversé, car alors la sève surabondante s'é-

(1) Pour placer un écusson, on écarte en commençant par le haut (par le bas puisque le T est renversé) avec la spatule ou lance d'ivoire du greffoir les deux lèvres de l'incision, et l'on soulève l'écorce avec la plus grande attention de ne pas la déchirer ni la blesser. L'écusson que l'on doit avoir placé entre ses lèvres pour avoir les mains libres, est saisi par le pétiole et glissé sous l'écorce : on fait coïncider parfaitement le liber de la partie coupée transversalement avec le liber de l'incision transversale du sujet; puis on rapproche par-dessus les lèvres et l'écorce du sujet, de manière à ce qu'il n'y ait aucun vide entre les parties, par lequel des corps étrangers pourraient s'introduire. On fait une ligature en enveloppant le tout, excepté le bouton, de plusieurs tours de laine ou de chanvre. On ne serre pas trop pour ne pas blesser l'écorce en la comprimant, et l'opération se borne là.

(L. NOISETTE. *Traité de la greffe.*)

coule par la plaie transversale, sans dommage pour l'œil, qui, au lieu d'être en dessous, se trouve en dessus.

Il faut avoir bien soin de laisser au sujet quelques feuilles, au-dessus de la greffe, pour appeler la sève; ces feuilles ne doivent être supprimées que lorsque les greffes ont dix centimètres de long. Alors on les retranche, et l'on rabat le sujet à dix ou douze centimètres au-dessus du point greffé. Cette espèce de chicot, qui se dessèche, sert au besoin de tuteur à la greffe, que l'on y attache avec un brin de jonc d'abord, et d'osier, quand elle a acquis un certain volume.

Chez les bons pépiniéristes du midi, les greffes ainsi faites acquièrent souvent la même année la grosseur du pouce et d'un mètre 50 à 2 mètres de longueur. Elles doivent être ébourgeonnées peu à peu, c'est-à-dire que l'on doit supprimer successivement avec l'ongle, lorsqu'ils sont encore herbacés, les faux bourgeons qui partent entre les tiges et les feuilles, qui toutes deux doivent être scrupuleusement ménagées pendant cette opération. Ceci est indispensable pour obtenir des tiges lisses d'abord, et de belles branches l'année suivante.

La greffe en sifflet, nommée aussi greffe en

bague, en chalumeau, en anneau, est celle généralement employée pour le châtaignier. Voici comment j'ai vu opérer, aux Bergeries, un greffeur fort habile, venu exprès des environs de Ganges.

Quand la sève commença à monter, il coupa les branches destinées à lui fournir des greffes; ces branches furent enterrées dans un sable frais, sans être positivement humide; elles restèrent là, à l'ombre et à l'abri des pluies, jusqu'au moment de s'en servir.

Vers le 15 juin, l'année avait été tardive, il les découvrit en partie, en prit une vingtaine, jugeant que le nombre de greffes qu'il en détacherait serait suffisant pour l'occuper depuis le matin jusqu'à midi.

Ces branches, il les saisissait une à une de la main gauche, puis leur imprimant de la droite un mouvement de torsion vif et saccadé, il parvenait ainsi à détacher l'écorce du bois sans offenser les yeux; ce qui m'a semblé le plus difficile de toute l'opération.

Cela fait, il divisa ce long tube d'écorce resté sur la branche en petits anneaux longs de quatre à cinq centimètres, ayant tous un bon œil au milieu. C'est alors seulement qu'il les poussait hors de la branche et les plaçait avec précaution dans un vase garni d'un linge mouillé, assez ample pour les recouvrir et les préserver du hâle.

Ces préliminaires lui demandèrent une bonne heure de travail.

Voici maintenant comment il employait les anneaux :

Il rabattait la tige à greffer un peu au-dessus du point où la greffe devait être placée ;

Décortiquait avec ses doigts la partie supérieure de cette tige, sur une étendue à peu près égale à la longueur de l'anneau, puis enfilait l'anneau dans la tige dénudée, et le faisait doucement glisser jusqu'à ce que la tige remplît toute sa capacité. Si l'anneau arrivé au bas de la partie décortiquée de la tige était encore trop large pour la toucher par tous ses points, il recommençait à enlever l'écorce et à faire glisser l'anneau plus bas, jusqu'à ce qu'il ne pût plus avancer sans se rompre.

J'oublie de dire que pour enlever plus facilement l'écorce du sujet, il la divisait en commençant l'opération en cinq ou six lanières.

Au bout de vingt-quatre heures, la plupart de ces anneaux se trouvaient tellement soudés à leur nouvelle tige, qu'il eût été impossible de les enlever sans les mettre en pièces.

Je terminerai ici ce paragraphe , que beaucoup de personnes trouveront insuffisant , incomplet ; je suis de leur avis , mais voici mon excuse. Pour tout ce qui regarde la multiplication des mûriers, j'en suis aux tâtonnements ; mes revers ont été nombreux ; mes succès, problématiques. Dans cet état de choses , il ne me restait que trois partis à prendre : parler sur la foi d'autrui , ou conseiller des pratiques dont je n'étais pas satisfait moi-même ; il m'a paru bien plus simple d'avouer mon ignorance.

§ 2.

Des plantations à demeure.

J'ai dit dans un paragraphe précédent qu'il y avait différentes sortes de plantations ; celles composées de mûriers plein-vent, mi-tiges et nains.

Toutes ces plantations doivent se faire avec des baguettes greffées d'un an et de premier choix, qui , suivant le cours de l'année, valent de 45 à 55 fr. le cent.

Ce serait une grande erreur d'espérer gagner du temps en achetant des arbres à tête formée. J'ai plus d'une fois commis cette faute , et j'ai

enfin reconnu qu'on allait beaucoup plus sûrement et plus vite avec de belles baguettes greffées
qu'avec des arbres tout formés, c'est-à-dire ayant
trois ou quatre années de greffe.

Un de leurs principaux inconvénients est d'arriver presque toujours avec des avaries longues
et difficiles à réparer, telles que des branches
éclatées, des yeux meurtris, etc. Il en résulte que
la tête se trouvant tronquée, il faut en recommencer un autre, ce qui est d'autant plus difficile, que l'arbre est plus vieux.

D'autres fois les branches se dessèchent en route
et ne donnent plus signe de vie après la plantation. Dans ce cas, il faut les rabattre, et il est toujours difficile de donner une forme convenable à
un arbre ainsi mutilé.

Les baguettes greffées, au contraire, unies et
flexibles arrivent ordinairement à bon port, et
comme on peut les ravaler sans inconvénients,
pour peu que leurs yeux aient souffert, il est
réellement beaucoup plus aisé de créer avec elles
de belles et solides plantations. J'ai maintes fois
remarqué que, plantées en même temps que des
arbres à tête formée, elles reprenaient, au bout
de trois ou quatre ans, une avance qu'elles con-
servaient toujours.

Il sera bon d'en faire la commande dès le mois d'août ou de septembre ; plus tard, le pépiniériste pourrait avoir disposé de tous ses arbres. Pour ne pas manquer une affaire, il s'en fournirait peut-être chez un confrère, qui certainement ne lui donnerait pas ce qu'il a de meilleur.

Dès que l'on aura reçu une réponse satisfaisante, il faudra s'occuper du terrain consacré aux mûriers. Un bon labour avant l'hiver est d'une grande utilité dans les sols compacts que l'on doit laisser en billons. Les alternatives de gelée et de pluie les mûrissent, les émiettent et les rendent très-propres aux plantations. D'habiles praticiens conseillent de faire avant l'hiver les fossés et les trous destinés aux mûriers. Je les ai ouverts tantôt à l'automne, tantôt quelques jours seulement avant de planter, et j'ai trouvé, dans chacune de ces deux méthodes, avantages et inconvénients. En définitive, je crois la première bonne pour les terres sablonneuses et parfaitement saines, car dans les sols argileux, les pluies d'hiver remplissent les trous, l'eau y séjourne pendant presque toute la mauvaise saison, et si le commencement du printemps est pluvieux, on l'y retrouve encore au moment de mettre les arbres en place, ce qui est très-mauvais. Le seul avantage de cet usage, c'est de pouvoir profiter des premiers beaux jours pour mettre ses mûriers en place, et de gagner tout le temps que l'on passerait à creuser ces mêmes trous, s'ils ne sont pas faits d'avance.

Ici je dois répondre à une question que l'on ne manquerait pas de me faire. Mais pourquoi ne pas planter avant l'hiver? Je n'ai jamais pu l'essayer sur une assez grande échelle pour émettre à ce sujet une opinion positive, mais j'ai lieu de croire que l'on s'en trouverait fort bien.

J'ai toujours tiré mes mûriers de Valence, et j'engage fortement les planteurs à faire comme moi, jusqu'à ce que nous ayons autour de nous des pépiniéristes qui veuillent bien mettre à notre disposition des arbres qui puissent soutenir la comparaison avec ceux que nous expédient messieurs L. Vasseur et tant d'autres établissements recommandables du midi. Or, pour venir du midi, les mûriers mettent au moins quarante jours; ils nous parviennent donc ordinairement au commencement de janvier, au milieu des rigueurs de l'hiver, s'ils ont été arrachés, comme ils doivent l'être, après la chute complète de leurs feuilles, beaucoup plus tardive qu'en Touraine. On ne peut à cette époque songer à les planter.

Un si long voyage au milieu des gelées et des
intempéries est un malheur, un grand malheur
que j'avoue et que je déplore ; mais nous devons
nous y résigner, parce que, dussions-nous perdre
quelques sujets, c'est le seul moyen que je connaisse pour avoir de bons et beaux arbres.

Dès que les mûriers arrivent, il faut visiter les
ballots avec soin, examiner, *sans les défaire*, s'ils
sont bien conditionnés. Si les liens étaient brisés,
si la paille avait été trop ménagée, on doit, en
présence du roulier, appeler quelques témoins
pour constater le fait et conserver son recours
contre l'expéditeur.

Il pourrait arriver que les ballots vous fussent
apportés par 7 ou 8 degrés de froid ; que cela ne
vous effraie point, si l'emballage a été convenablement soigné ; déposez-les, sans les délier, dans
une remise, dans une chambre froide ; surtout ne
les descendez pas à la cave : un brusque change-
ment de température leur serait funeste.

Là, vous les laisserez trois, quatre, huit jours
s'il le faut, jusqu'à ce que le temps s'adoucisse ;
ce n'est qu'alors que vous procéderez à leur dé-
ballage, qui doit se faire vivement et sans désem-
parer ; vous les mettrez de suite en nourrice dans
une terre légère et saine ; vous les placerez non

pas perpendiculairement mais très-penchés, et vous veillerez à ce que trente-cinq centimètres de terre recouvrent bien leurs racines et leur collet.

S'il survenait après cela un temps très-rigou-reux, il serait prudent plutôt qu'indispensable de les abriter encore sous une légère couche de paille ou de fumier long.

J'ai toujours donné aux trous destinés à rece-voir mes mûriers un mètre carré sur cinquante centimètres de profondeur; cela me semble très-suffisant; seulement je faisais varier leur espa-cement selon la nature des plantations. Pour les arbres nains, plein-vent et mi-tiges, il est pré-férable que ces trous soient disposés en quin-conce.

Pour les haies, je faisais ouvrir des rigoles d'un mètre de large, de cinquante centimètres de creux, et je laissais cinq mètres entre chaque rigole.

Le moment de planter arrive, lorsque les fortes gelées ne sont plus à redouter, et lorsque la terre est suffisamment ressuyée pour pouvoir se tra-vailler sans s'attacher aux outils, et supporter un tassement sans se mettre en pâte. Ce moment ne saurait être précisé autrement, car il doit va-rier suivant le temps et la nature des terres; mais dès qu'elles sont dans l'état que je viens d'indiquer, il faut se hâter et saisir avec ardeur l'instant favorable.

Je commence par faire combler les trous et les rigoles, et dès que les ouvriers occupés à ce travail ont quelques rangs d'avance, je procède à la plantation (1).

Alors les mûriers sont retirés de nourrice, non tous à la fois, mais au fur et à mesure de leur emploi. Je choisis pour habiller leurs racines des jardiniers ou des vignerons adroits et surtout dociles, car leur premier mérite à mes yeux est de suivre mes instructions à la lettre, ce qui ne s'obtient pas toujours sans observations et sans mauvaise humeur.

Les conseils que je vais donner pour la taille des racines sembleront peut-être extraordinaires, étranges ; je sais qu'ils sont contraires aux théories adoptées, mais ce n'est pas ma faute si des faits viennent se jeter en travers des principes de physiologie végétale. Dieu me garde de faire à ce

(1) Si la terre est fertile et en bon état, je fais combler les trous sans y mêler aucun engrais ; mais si elle est maigre ou épuisée par des récoltes précédentes, je fais jeter dans chaque trou une douzaine de pelletées de fumier consommé, ou mieux, des curures de mares, des gazons, de la cendre même, si la terre est froide. Je n'excepte que le fumier non consommé, qui m'a toujours produit un mauvais effet,

sujet de la polémique! Praticien fort humble, j'explique, j'expose tout simplement une marche que j'ai suivie avec un succès constant, et dont toutes les personnes qui ont bien voulu l'essayer se sont parfaitement trouvées (1).

Avant de planter un mûrier, si c'est un nain que j'en veux faire, je coupe sa tige entre quarante et cinquante centimètres à partir du collet. Cette cicatrice est couverte après la plantation avec une cire à greffer quelconque. Pour les racines, avec une serpette bien affilée je retranche

(1) J'invoquerai à ce sujet le témoignage de MM. les directeurs de la Colonie agricole de Mettray; ils m'ont souvent fait l'honneur de venir visiter mes mûriers, et ont pu se convaincre des effets de ma manière de planter. J'ai arraché, ce printemps, en leur présence, quelques arbres pris au hasard et dont les racines avaient été traitées comme je l'indique : ces racines s'étaient ramifiées, étendues d'une façon surprenante; elles occupaient près d'un mètre carré de terrain. Voici, du reste, comment j'en suis arrivé là : j'avais remarqué que chaque fois que j'étais obligé d'amputer une racine altérée, il se formait à l'amputation un bourrelet d'où partait une touffe de nouvelles racines d'une vigueur remarquable, et d'autant plus fortes et plus nombreuses, que l'amputation était plus près du tronc. Une fois ceci bien constaté, j'ai rapproché toutes les racines du centre de vie, et la plus belle végétation a été le résultat de cette opération. Le mûrier ainsi traité, reprend incomparablement mieux que celui auquel on laisse les racines entières ou plus longues. Arrachés à la fin de l'année, on s'aperçoit que ces derniers n'ont comparativement presque rien fait en terre. — *Voir à la fin de la brochure le rapport de la commission chargée de l'Exposition Horticole de Tours.*

tout le chevelu d'abord, puis je rapproche les racines grosses et petites à *dix centimètres* de leur insertion sur le tronc, si elles sont saines et si la sève coule ; dans le cas contraire, je supprime complétement celles qui ne sont pas en parfait état. J'agis de même pour tous les mûriers que je mets en terre, quels que soient leur âge et leur espèce.

Ainsi traités, ils doivent être immédiatement mis en place. Il est donc indispensable que l'habillage des racines marche simultanément avec la plantation.

Un cordeau d'une longueur suffisante, tendu de façon à ce qu'il coupe par le milieu une ligne de trous, et une règle représentant exactement la distance qui doit séparer chaque arbre, facilitent et abrègent singulièrement la besogne ; un ouvrier enlève d'un coup de bêche assez de terre pour faire place au mûrier, qu'un second ouvrier pose contre la corde, à l'extrémité de la règle, dont l'autre bout s'appuie contre le dernier arbre planté. L'homme armé de la bêche choisit, pour répandre sur les racines, de la terre superficielle aussi meuble que possible, tandis que le planteur la tasse d'abord avec les mains, puis avec le pied, qui doit être chaussé d'un sabot plat et sans talon. Avec trois hommes pour habiller les racines, et un homme pour m'ouvrir le trou, j'ai mis en place quatre cents mûriers par jour, les fossés de plantation étant comblés d'avance.

Une précaution essentielle sur laquelle j'insiste fortement, c'est de veiller constamment à ce que celui qui plante n'enterre pas trop les arbres; il faut que le collet soit ras terre, surtout dans les terres consistantes; car, dans les sols légers, on peut sans inconvénient les enfoncer quelques centimètres de plus, mais dans aucun cas la greffe ne doit être couverte définitivement.

Je dis définitivement, parce que, dans les printemps secs et froids, il est nécessaire de butter provisoirement le pied des arbres nouvellement plantés, pour que le hâle ne dessèche pas les racines. Ce buttage doit être détruit dès que le temps est redevenu doux et humide.

Pour les arbres à haute tige, au lieu de rabattre les baguettes à 40 ou 50 centimètres au-dessus de la greffe, je les coupe à trois ou quatre yeux. J'agis pour tout le reste exactement comme pour les nains dont je viens de parler.

§ 3.

Soins pendant la première, la deuxième et la troisième année.

Une fois les mûriers en terre, il n'y a plus à s'en occuper jusqu'à ce que leurs yeux se soient développés en des pousses de 10 à 15 centimètres. Mais dès ce moment ils demandent à être visités très-souvent, et je ne saurais trop engager un propriétaire à leur consacrer une heure par jour, car l'ébourgeonnage doit commencer, et cette opération délicate exige une grande attention.

Des bourgeons se développent tout le long de la tige; dès qu'ils ont acquis la longueur que je viens d'indiquer, il s'agit de s'occuper de la formation de la tête des mûriers nains. Je n'ai jamais attaché grande importance à ce que toutes les têtes des arbres d'une plantation fussent à une hauteur uniforme. J'ai pensé que cette symétrie ne méritait pas les sacrifices auxquels j'aurais dû me résoudre pour l'obtenir; je n'ai donc jamais hésité à placer la tête d'un mûrier dix ou quinze centimètres plus haut ou plus bas que celle de son voisin, ne m'occupant que de choisir le point le plus convenable, celui où je trouvais

4

des bourgeons vigoureux, bien distancés et de force à peu près égale.

Pour établir la tête sur quatre bourgeons, qui deviendront un jour les quatre branches principales de l'arbre, il faut qu'ils se soient développés d'abord les uns près des autres, ensuite de manière à couper l'horizon en quatre parties égales. Je regarde cette circonstance comme heureuse, mais elle se rencontre très-rarement.

Si le jeune mûrier n'a point quatre bourgeons placés comme je viens de le dire, j'examine si j'en trouverai trois, rapprochés et tierçant l'horizon. A leur défaut, j'en cherche deux placés à une hauteur à peu près égale et bien opposés l'un à l'autre.

Une fois mes bourgeons choisis, je retranche tous les autres successivement (à plusieurs jours d'intervalle) et j'agis de même pour tous ceux qui naissent plus tard le long de la tige; mais pour ceux-là, je les détruis dès qu'ils paraissent.

Si la tête a été formée à trente centimètres, hauteur que je considère comme normale, il restera nécessairement une espèce de chicot lorsque les pousses supérieures auront été enlevées, puisque la baguette a cinquante centimètres en tout.

Ce chicot se desséchera peu à peu ; il faut bien se garder de le rabattre immédiatement, ce n'est qu'à la taille suivante qu'il peut être coupé sans danger.

Il arrive quelquefois que les yeux se développent si mal (c'est-à-dire soit tous du même côté, soit à une hauteur très-inégale), qu'il devient impossible d'en tirer parti pour établir les mères-branches ; alors il faut laisser se développer le bourgeon le plus rapproché de la greffe, et détruire successivement tous les autres sans exception. L'année suivante, on ravale l'ancienne tige à la naissance de la nouvelle, et l'on opère sur cette nouvelle tige comme on aurait opéré sur l'autre, si des yeux s'y étaient développés d'une manière convenable ; c'est une année perdue, puisque l'arbre ne commencera à se former qu'une année plus tard.

Quant aux mûriers haute tige, j'ai dit qu'on avait dû les receper à vingt centimètres environ ; à ceux-ci on ne laisse que le bourgeon le plus vigoureux parti le plus près de la greffe ; on retranche successivement tous les autres. C'est sur ce bourgeon que l'on formera l'année suivante la tête de l'arbre, en suivant, sauf pour la hauteur, les mêmes principes que ceux posés pour les nains.

Cette tige, dans les bons sols, acquerra souvent deux mètres d'élévation; si, au contraire, elle n'était ni assez forte ni assez haute pour un plein-vent, on la receperait de nouveau fort près de la greffe, et on serait assuré d'obtenir cette seconde fois un jet parfaitement convenable à sa destination.

Les haies se conduisent à peu près comme les nains isolés; seulement comme il ne s'agit plus avec elles d'avoir des têtes régulières, au lieu de conserver deux ou trois scions, on leur laisse tous les bourgeons supérieurs, sauf à retrancher à la taille suivante les branches inférieures, ou celles qui se gêneraient mutuellement.

Des façons superficielles pour tenir la terre nette de mauvaises herbes et l'empêcher de se durcir; l'annulation avec l'ongle de tous les bourgeons qui naissent, soit le long de la tige, soit à l'aisselle des feuilles des branches conservées, complètent les soins que réclame une plantation pendant sa première année.

La seconde année, au moment où, sous l'influence des premiers beaux jours, les yeux commencent à se gonfler, il faut procéder à la taille. Tous les mûriers auront quatre, trois ou deux scions ayant acquis le diamètre d'un des doigts de la main ; tous ces scions devront être rabattus à quatre ou six yeux. J'ai employé concurremment la serpette, le sécateur ordinaire et le sécateur *Aumont*. Entre des mains bien exercées, la serpette n'a aucun inconvénient; le sécateur ordinaire doit être complétement rejeté, parce que les contusions qu'il occasionne empêchent presque toujours la cicatrisation des plaies, ou du moins la rendent fort longue. Quant au sécateur Aumont (1), sa coupe est aussi nette, aussi saine que la serpette la mieux affilée; il mérite donc la préférence en ce qu'il est beaucoup plus expéditif et ne demande pas, comme la serpette, beaucoup de dextérité et d'habitude.

Les mûriers dont on a refait la tige en ne conservant que le bourgeon le plus rapproché de la greffe, seront absolument traités comme le reste

---

(1) M. Aumont, jardinier en chef de M. le vicomte de Bretignères de Courteilles, est parvenu, en modifiant la forme de la mâchoire du sécateur ordinaire, à la rendre complétement inoffensive ; il est impossible, après coup, de distinguer une branche taillée avec son outil d'une branche taillée à la serpette. Il ne se sert que de son sécateur dans son jardin, et la beauté de ses quenouilles et de ses espaliers est connue de tous les amateurs du département d'Indre-et-Loire. Malgré toutes mes préventions contre le sécateur, j'ai été obligé de me rendre à l'évidence. Cet instrument se trouve à Tours, chez Pouvereau, coutelier, rue du Commerce.

de la plantation a été traité l'année précédente ; ils sont tout simplement en retard d'un an.

Un bon labour doit suivre la taille ; ce labour peut sans inconvénient avoir un bon fer de bêche ; seulement , si l'ouvrier rencontre des racines qu'il mutile, il doit immédiatement les couper net avec sa serpette.

Environ un mois après, l'ébourgeonnage doit recommencer. Il s'agit d'abord de détruire les pousses dès qu'elles paraissent le long du tronc. Quant au jeune bois conservé, on laisse deux bourgeons sur chaque scion, et l'on retranche successivement et lentement tous les autres. Ces bourgeons doivent être judicieusement choisis. Il faut autant que possible qu'ils soient placés à quatre ou cinq centimètres à partir de l'empatement de la branche sur laquelle ils sont nés, et qu'ils soient bien opposés, non en dessus et en dessous , mais sur les deux côtés ; puis on continue à opérer pour ces nouvelles pousses comme on a opéré l'année précédente pour les premières que l'on a conservées. C'est identiquement la même marche à suivre, seulement on peut retrancher les petits chicots vers la fin de juillet, entre les deux sèves , et ne pas attendre la taille suivante.

Ceci s'applique indistinctement aux mûriers nains, mi-tiges et hautes tiges.

Pour les mûriers en haies, on laisse tous les nouveaux bourgeons qui ne se gênent pas mutuellement, mais on continue à nettoyer la tige.

Après le premier labour dont j'ai parlé, on donnera autant de façons superficielles qu'il en faudra pour détruire les plantes parasites. Il est bon de choisir des temps secs et brûlants pour arriver plus sûrement à ce but.

La troisième année, l'époque de la taille sera la même. On rabat de nouveau les scions sur quatre ou six yeux, et l'on ne conserve que ceux nécessaires pour compléter la forme que doit avoir un mûrier, celle d'un entonnoir renversé un peu renflé à la base : forme généralement désignée sous le nom de vase ou gobelet; façons comme l'année précédente.

Il me reste à motiver les conseils que je viens de donner relativement à tout ce qui concerne la plantation et la formation des mûriers. Quel est le but d'un propriétaire en créant une plantation? de récolter, dans une étendue donnée de terrain, autant de feuilles que *possible* ayant toutes les qualités requises, et d'effectuer au plus bas prix *possible* la cueillette de ces mêmes feuilles.

Or, les principes que j'ai posés n'ont pas d'autre fin. Ils assurent la reprise des mûriers, et favorisent leur végétation. La formation de leur tête, en suivant la méthode que j'ai indiquée, empêche la confusion des branches, s'oppose au développement des ramilles, et tend à n'offrir au cueilleur que des scions longs et unis qui s'effeuillent avec promptitude et facilité. Les feuilles recevant aussi l'air et la lumière à flots, mûrissent complétement et acquièrent les plus belles dimensions. Un arbre bien planté d'ailleurs et livré ensuite à lui-même donnerait peut-être plus de feuilles les premières années, mais outre que ses feuilles intérieures auraient peu de qualités, les frais de cueillette seraient infiniment plus considérables (1), en sorte que le bénéfice net retiré de l'arbre resterait inférieur à celui d'un mûrier conduit comme je le propose.

Je dois dire ici un mot d'un usage préconisé par quelques auteurs, et que je blâme et repousse complétement. On a conseillé, pour mettre à profit tout le terrain consacré à une plantation, de

(1) Les mûriers se cueillent communément dans le midi au quintal (50 kilogrammes), et le prix de la cueillette, au quintal, varie suivant la forme et l'arbre de la manière dont il est entretenu et taillé, de 50 cent. à 3 et 4 francs. — (Voir la note, page 73.)

placer provisoirement des mûriers nains dans l'espace laissé entre les mûriers haute tige, par la raison que ces derniers, plantés à sept mètres les uns des autres, n'envahiront cet espace qu'au bout de dix ans, tant par leurs têtes que par leurs racines, et qu'ainsi la récolte, d'un hectare de terre par exemple, acquerra beaucoup plus promptement une certaine importance.

Les personnes de cet avis n'ont donc jamais observé qu'il est très-difficile de mettre avec succès un arbre, de quelque nature qu'il soit, à la place qu'a occupée un autre arbre de son espèce pendant un certain nombre d'années. Tous les jardiniers, tous ceux qui se sont occupés de plantations savent cependant cela.

Un arbre non-seulement absorbe les sucs nourriciers contenus dans la terre, s'en approprie ce qui lui convient, mais produit des déjections presque toujours funestes à l'arbre de son espèce qui lui succède immédiatement. N'est-ce pas cette observation qui en grande partie a créé le principe des assolements ?

Or, il me semble évident que lorsque les mûriers destinés à constituer la plantation définitive arriveront dans les couches de terre imprégnées des déjections des mûriers arrachés pour leur faire place, leurs racines se trouveront dans le cas de celles d'un arbre remplaçant un arbre de son espèce mort et arraché. Leur végétation sera donc point contrariée ; ils souffriront ; et s'ils ne périssent pas, le produit n'en sera certainement ce qu'il devrait être. Le propriétaire éprouvera donc une perte réelle, perte que ne compenseront pas les faibles et courtes récoltes des arbres intercalaires.

Agir ainsi, c'est maladroitement sacrifier l'avenir au présent, c'est risquer des quintaux de feuilles pour en cueillir plus tôt quelques kilogrammes.

Le seul moyen d'utiliser l'espace dont les mûriers n'auront besoin que plus tard et qu'il a fallu leur réserver, c'est de cultiver entre leurs lignes des plantes telles que pommes de terre, betteraves, navets, etc. ; la fumure et les façons qu'on leur donne concourent à l'amélioration du sol, tandis que leur produit dédommage le propriétaire d'une assez longue attente.

Seulement chaque année ces plantes devront être écartées davantage du pied des arbres. La première année on peut ne réserver que cinquante centimètres de terre en tous sens autour de chaque mûrier, et il suffira de s'en éloigner tous les ans d'autant.

Je ne sais s'il en sera partout de même, mais j'ai observé que les carrés de mûriers où je cultivais alternativement des pommes de terre et des betteraves prospéraient mieux que ceux où j'avais mis d'autres racines et notamment des choux vaches. J'avoue pourtant que je ne me suis pas trouvé en position de pousser à fond la vérification de ce fait.

Toutes ces cultures intercalaires seront supprimées au bout de six ans au plus pour les hautes tiges, et au bout de quatre ans pour les nains, à moins que l'on ait d'excellentes terres et une grande masse de fumier à sa disposition.

Les nains, les hautes tiges et les haies peuvent se planter en bordures, mais je dois prévenir les propriétaires de ne prendre ce parti, surtout pour les nains, qu'autant qu'ils seront certains de les garantir de la dent des bestiaux. Les vaches sont très-avides de la feuille du mûrier, et quand elles ont une fois attaqué un arbre, elles y courent d'aussi loin qu'elles l'aperçoivent. J'en ai fait une cruelle expérience.

On doit, autant que les localités le permettent, planter quelques mûriers haute tige dans la basse-cour ; les poules mangent les mûres qui tombent , et ces arbres isolés, dont on fera bien de ne jamais compter le produit en calculant la quantité de feuilles dont on peut disposer, répareront quelquefois l'insuffisance des prévisions.

J'ai remarqué que ces mûriers prenaient presque toujours le plus beau développement ; cela tient probablement au sol imprégné des sucs de fumiers de toute espèce. Des arbres ainsi situés devront, dans leur jeunesse, être entourés de quelques échalas fichés en terre et maintenus à quelque distance du pied. Cela permet d'ameublir à peu près un mètre de terrain où l'on jette, pendant les sécheresses, quelques seaux d'eau. Sans cette précaution, les arbres pourraient languir, car le sol dur et battu d'une basse-cour laisse difficilement pénétrer les eaux pluviales pendant l'été.

CHAPITRE III.

Soins d'entretien.

§ 1.

Façons.

Le mûrier demande tous les ans plusieurs façons, d'abord un bon labour après l'hiver, et le reste de l'été des façons superficielles, qui ne doivent avoir d'autre objet que la destruction des herbes parasites, et d'empêcher la terre de s'encroûter et de devenir imperméable aux agents atmosphériques.

Dans les grandes plantations, notamment dans celles à haute tige, le labour d'hiver peut se donner à la charrue en réglant son entrure à vingt centimètres. La houe à cheval est fort expéditive pour les autres façons ; seulement, comme il est dangereux d'approcher trop près des mûriers, il est indispensable de compléter l'œuvre avec la bêche ou la mare (1).

Voilà pour les personnes qui redoutent les frais et qui ne savent pas combien le mûrier paie avec usure tous les soins qu'on lui prodigue.

Aux propriétaires qui ont foi dans l'industrie séricicole et qui, par position, ne reculent pas devant quelques avances, je conseillerai les pratiques suivantes :

Il est un moyen infaillible d'activer la végétation de ses mûriers, c'est d'adopter le système de défonce partielle.

Il consiste à ouvrir, après l'hiver qui a suivi la première année de plantation, une rigole de cinquante centimètres de profondeur sur vingt-cinq centimètres de large autour de chaque pied de mûrier, à une distance de cinquante centimètres. En la creusant perpendiculairement et non en biseau, on coupe avec la bêche toutes les

(1) La mare est un excellent instrument fort en usage dans les environs de Blois et de Tours. On s'en sert pour la vigne et pour butter les pommes de terre.

racines que l'on rencontre, puis on les pare avec
la serpette. Cela fait, on comble immédiatement
la rigole avec de la terre prise à la surface du
sol, et dans laquelle on mélange bien soit des
herbes pourries, soit des rognures de cuir, soit
des chiffons de laine, soit enfin des curures de
mares et de fossés; le fumier, même bien consommé, ne doit être employé que dans des terres
froides et pauvres.

Cette opération peut se répéter tous les trois
ans, en ayant soin d'écarter progressivement la
rigole du pied de l'arbre, de manière à n'atteindre jamais que l'extrémité des racines et de ne pas
toucher aux grosses.

Si l'on s'aperçoit, en défonçant autour des trois
ou quatre premiers mûriers, que l'on est trop
près ou trop loin (trop loin si l'on ne rencontre
que peu ou point de racines, trop près si elles
sont fortes et nombreuses), on se règle sur ces
données pour la défonce partielle à donner au
reste de la plantation.

Je recommande principalement cette méthode
pour les haies de mûriers sauvages ou greffés;
alors on creuse les rigoles non autour de chaque
pied, mais parallèlement des deux côtés, et l'on
opère comme je l'ai dit.

C'est M. C. Beauvais qui le premier a essayé cette façon, qu'il a nommée défonce partielle; il s'en trouve parfaitement bien, et tous ceux qui verront les magnifiques et réellement modèles plantations des Bergeries approuveront certainement une pratique qui donne de si beaux résultats.

§ 2.

Fumure.

Le mûrier doit être fumé au moins tous les quatre ans dans les bons sols, et plus souvent s'ils sont médiocres ou mauvais. Comme le fumier animal ne doit entrer que pour moitié dans l'engrais qu'on lui destine, un propriétaire soigneux aura une fosse spéciale où il fera entasser des curures de jardins et de fossés, des gazons, tous les détritus végétaux qu'il pourra se procurer, et dont il hâtera la décomposition par quelques lits de fumier frais et chaud.

Cet engrais, ou plutôt ce compost, s'étendra bien également sur le sol avant le premier labour, et s'enterrera soit à la bêche, soit à la charrue. Il est impossible de fixer la quantité de ce fumier nécessaire pour un hectare, cette quantité devant varier suivant la nature des terres, les débris plus ou moins riches qui les composent et les ressources du cultivateur.

Je crois presque superflu d'ajouter que pour une jeune plantation d'arbres à haute tige, par exemple, il est inutile de garnir de fumier toute la superficie du terrain, il suffit d'en répandre autour de chaque pied jusqu'à la distance où l'on suppose les racines parvenues ou prêtes à parvenir.

§ 2.

Taille (1).

« Un mûrier bien taillé produit au moins le double de celui qui ne l'est pas ou qui l'est mal, »

(1) Nul doute qu'un mûrier qui ne serait jamais taillé ne vécût un plus grand nombre d'années; mais outre qu'il donnerait beaucoup moins de produit, où trouverions-nous assez de bras pour cueillir l'immense quantité de feuilles qui se consomme dans quelques jours? Pour en donner une idée, je dirai que chez moi il s'en consomme jusqu'à 50,000 kilogr. dans les cinq derniers jours de l'âge des vers à soie qui s'élèvent dans ma propriété. J'ai vu des ouvriers assez habiles pour cueillir 5 à 600 kilogr. de feuilles par jour sur de très-bons arbres, à la vérité. Eh bien! ces mêmes hommes ne pourraient en récolter au delà de 75 à 100 kilogrammes sur des arbres non taillés de-

dit M. A. Puvis; et je suis entièrement de son avis.

Les personnes qui auront bien saisi les conseils que j'ai donnés relativement à la formation de la tête des mûriers, comprendront sans peine que la taille des arbres faits ne doit avoir d'autre but que la conservation sur un plus grand développement de la forme primitivement adoptée. Établir à ce sujet des règles rigoureuses est impossible; la végétation de l'arbre, la direction plus ou moins heureuse de ses pousses nécessitent une foule de modifications qui s'offriront naturellement à celui qui se sera engagé en pleine connaissance de cause dans la voie que je lui ai tracée. Chaque taille sera donc tout simplement le rapprochement à deux ou quatre yeux du jeune bois bien placé, et le retranchement de celui qui ne l'est pas; une chose importante est de veiller avec soin à ce qu'aucune branche principale ne grossisse et ne s'emporte hors d'une juste proportion avec les autres; l'équilibre de la végétation doit au con-

puis plusieurs années. Que n'en coûterait-il pas pour faire ramasser la quantité de feuilles nécessaire à l'alimentation des vers qui s'élèvent dans notre contrée. Nous payons 50 centimes par 50 kilogrammes de feuilles, et j'ai vu le même poids se payer jusqu'à 3 fr. 50 pour des mûriers que la serpe n'avait point touchés depuis plusieurs années.

(Vte de Narbonne Lara. — Ann., tom. III, page. 260.)

traire être maintenu par tous les moyens connus
et employés par les jardiniers pour leurs arbres
fruitiers ou d'ornement.

Les mêmes principes doivent présider à la taille
des nains, des mi-tige et des plein-vent, seulement
on allonge un peu plus la taille de ces derniers.

On est quelquefois obligé de rabattre les nains
sur du bois de deux à trois ans, afin qu'ils ne se
dégarnissent point du bas; d'autres fois il est utile
de remplacer les vieilles branches-mères par des
nouvelles, qui, pour être bonnes, doivent con-
courir au but que l'on se propose toujours, le
maintien de la forme primitive.

L'instrument le plus commode pour la taille
des mûriers adultes est une espèce de demi-serpe
qui, pour la grandeur, tient le milieu entre la
serpe du vigneron et la serpette du jardinier. Il
est presque partout adopté dans le midi; son fer
est large et mince, excepté au talon, qui, re-
courbé comme celui du croissant des élagueurs,
permet de démonter les plus fortes branches.

J'ai déjà indiqué l'époque de la taille en parlant
de la formation des mûriers; cette opération ne
doit jamais précéder les premiers mouvements de
la sève. En effet, « lorsqu'un végétal est dans un
« repos absolu, lorsque la sève, stagnante dans

« ses vaisseaux ligneux, ne peut porter la nourri-
« ture dans aucune de ses parties, il serait
« absurde de lui faire une plaie qui, ne pouvant
« se recouvrir de suite, resterait exposée pendant
« longtemps aux influences pernicieuses de l'air
« froid et des frimas. Le mal pénétrerait jusque
« dans l'épaisseur du tronc, et y formerait des
« chancres incurables qui bientôt entraîneraient
« la perte totale de l'individu. » Ces considérations, extraites d'un ouvrage remarquable de
M. L. Noisette, me semblent d'une justesse frap-
pante. Mais s'il y a inconvénient à tailler trop tôt,
une taille tardive est plus meurtrière encore.
Écoutons le même auteur : « Si un arbre est en
« pleine végétation, l'inconvénient de le mutiler
« pendant le travail de la sève devient tout aussi
« grand. On ouvre imprudemment à la sève des
« canaux par lesquels elle s'échappe au dehors;
« outre cela, l'individu, interrompu tout à coup
« dans sa végétation, éprouve une secousse qui
« peut le faire périr. Il faut donc éviter ces deux
« écueils également dangereux; pour cela on
« profitera du moment où l'arbre commence à
« végéter assez pour espérer qu'au bout de quel-
« ques jours la sève, augmentant de vigueur,
« pourra facilement réparer les altérations cau-

« sées par la taille. » Ce moment, on le conçoit,
ne peut être précisé, et dépend du plus ou moins
de précocité de la saison, et le seul moyen de le
reconnaître « *est d'épier le moment où les bourgeons, prodigieusement gonflés, vont se développer en feuilles.* »

Adopter ces considérations, c'est dire que je repousse complétement la taille d'été qui consiste à
tailler le mûrier immédiatement après sa récolte;
je la regarde comme désastreuse dans nos climats
surtout. J'ai été maintes fois témoin de ses funestes résultats, et je crois que le mûrier est seul
doué d'une vitalité assez puissante pour résister
à une pareille opération.

Mais comment cueillir avec profit un mûrier
taillé deux mois auparavant? aussi n'est-ce pas ce
que je conseille.

Un propriétaire qui ne sacrifie pas tout au moment présent doit adopter l'assolement biennal.
Il consiste à ne cueillir les mûriers que tous les
deux ans.

Voici dans cet ordre de choses comment il pro-
cèdera :

L'année qui précèdera celle où il entrera en récolte, il fera deux parts de ses mûriers : les forts
et les faibles.

Il taillera les faibles et ne touchera pas aux forts, qui seront naturellement les premiers cueillis. L'année qui suivra la première récolte, il taillera les forts seulement, et continuera indéfiniment ainsi, taillant chaque année la moitié de ses plantations qu'il aura récoltées l'année précédente.

Cette méthode, dont une avidité aveugle ou une impatience bien mal entendue empêchent seules l'adoption générale, offre des avantages réels et incontestables. Seule elle permet de tailler les mûriers à l'époque de l'année où cette opération peut se faire sans danger ; seule elle permet de créer dans le centre de la France des plantations vigoureuses et durables ; et qu'on ne croie pas que leur produit définitif en soit diminué. Que deux propriétaires ayant chacun quatre hectares de mûriers et adoptant, l'un l'assolement biennal, l'autre la récolte intégrale et annuelle, s'observent mutuellement ; ce dernier, les trois ou quatre premières années aura, j'en conviens, une plus grande masse de feuilles à sa disposition, mais dès la cinquième année, si ce n'est plus tôt, il sera dépassé par son voisin qui, sur les deux hectares annuellement récoltés, trouvera plus de feuilles que l'autre sur ses quatre hectares ; et tandis que le premier verra ses plantations prospérer de plus

en plus, que ses pertes en arbres seront à peu
près nulles, le second s'apercevra bientôt qu'il
s'est engagé dans une fausse voie dont il ne saurait trop tôt sortir.

J'ai fait à ce sujet des expériences positives ;
j'ai suivi des plantations où ces deux modes étaient
suivis, et partout j'ai vu les résultats que je viens
de signaler se reproduire. De plus, je connais de
vieilles plantations qui, assolées depuis une dizaine d'années, donnent aujourd'hui autant de
feuilles par an qu'elles en donnaient autrefois,
ce qui ne peut s'expliquer que par une végétation
deux fois plus belle.

Cet usage a enfin l'immense avantage de simplifier la taille en ce sens, que son époque se
trouve naturellement indiquée, et qu'il coupe
court aux discussions des savants et à la perplexité
des propriétaires qui, avec la cueillette *intégrale
annuelle* ne savent, pour la taille, à quel saint
se vouer. Car, soit qu'ils taillent immédiatement
après la cueillette, soit entre les deux sèves,
soit au printemps, ils s'en trouvent également
mal, et si mal, que quelques-uns proscrivent
une opération indispensable et éminemment
avantageuse, lorsqu'elle est faite dans les conditions requises.

§ 3.

Cueillette, transport, conservation des feuilles.

Si les arbres sont bien conduits, cette opération se fera avec économie, facilité et promptitude. Pour les mûriers haute tige, les échelles doubles sont bien préférables aux échelles simples, que l'on est obligé d'appuyer sur les branches. Souvent les ouvriers les placent négligemment et font aux arbres des plaies et des meurtrissures ; d'autres fois la branche qui supporte l'échelle casse ou seulement consent, et il en résulte des accidents plus graves encore ; les échelles doubles n'offrent aucun de ces inconvénients.

Ce n'est que sur des arbres d'une quinzaine d'années au moins que l'on doit permettre de grimper ; il faut au reste s'en dispenser le plus longtemps possible, car, avec ses pieds, le cueilleur détruit toujours une grande quantité des yeux qui doivent, immédiatement après la récolte, se développer en un nouveau feuillage.

Pour la cueillette des hautes tiges, un sac maintenu ouvert à l'aide d'un cercle de bois ou de fil de fer sur lequel sont frappées trois cordelettes se réunissant comme celles du plateau d'une balance, et surmontées d'un crochet qui permet de suspendre le sac ouvert à une des branches de l'arbre, est fort commode, en ce qu'il laisse au cueilleur les deux mains libres. Quant aux nains, les paniers de transport peuvent se remplir au fur et à mesure de la cueillette.

Ces paniers, grands et légers, doivent être en osier et à claire-voie. La forme d'un carré long est, je crois, la meilleure, surtout si les anses sont placées, non pas aux deux bouts les plus éloignés, mais sur les côtés ; alors deux paniers sont transportés par deux femmes et un homme, qui, se tenant au milieu, porte des deux mains. Si les anses étaient à l'extrémité des paniers, comme ils doivent avoir assez de capacité pour constituer une charge raisonnable, les trois porteurs et les deux paniers tiendraient trop de place pour passer facilement dans une allée ou dans un chemin d'exploitation.

Ramasser les feuilles pendant la pluie est aussi dangereux pour les vers à soie que préjudiciable aux mûriers. J'avouerai que je ne m'explique pas clairement pourquoi le mûrier semble ne pas vouloir être cueilli lorsqu'il est mouillé, mais j'ai remarqué que la feuille repoussait moins bien et moins vite sur les mûriers dépouillés en cet état, que sur ceux qui l'avaient été par un temps sec. J'engage fort les planteurs à vérifier cette observation, qui n'est pas sans intérêt, observation que je dois présenter sous une forme dubitative, n'ayant pas encore expérimenté le fait assez souvent pour en tirer des conséquences que je ne fais qu'entrevoir.

Quoique la conservation de la feuille soit plutôt du ressort d'un ouvrage destiné spécialement aux éducateurs, j'en dirai quelques mots.

La feuille du mûrier se conserve bien dans un lieu frais sans être humide, obscur et aussi hermétiquement clos que possible. On peut y entasser la feuille jusqu'à la hauteur de 40 à 50 centimètres et la garder ainsi trente-six et même quarante-huit heures sans qu'elle perde de ses qualités d'une manière notable, si elle a été cueillie par un temps sec et avant que le soleil n'ait acquis une trop grande force. La cueillette qui se fait le soir est de moins bonne garde. Ces données peuvent utilement guider l'éducateur, qui doit faire ses provisions le matin et employer d'abord la feuille cueillie plus tard. J'ajouterai que je crois la feuille cueillie le matin, dès que la rosée est dissipée, plus appétissante pour les vers.

Je n'ai pas besoin d'insister sur la surveillance continuelle dont les cueilleurs doivent être entourés, surtout s'ils sont à la tâche ou au quintal, comme cela se pratique dans le midi (usage qu'il faut s'efforcer de faire adopter chez nous); pour aller plus vite, ils saccageraient les mûriers d'une manière déplorable, et des lanières d'écorce suivraient souvent les feuilles, si l'œil du maître ne les tenait pas un peu en respect. Le dépouillement des scions ne doit s'opérer que de bas en haut, jamais de haut en bas; c'est le seul moyen de conserver les sous-yeux situés à l'aisselle des feuilles, qui restent chargés de réparer les pertes que la cueillette fait éprouver aux arbres.

Il est aussi du plus grand intérêt pour le propriétaire de commencer toujours par les arbres les plus avancés. Récolter un mûrier avant que la majeure partie de ses feuilles aient acquis leur complet développement, est s'exposer à une perte réelle, c'est diminuer notablement la récolte.

J'ai vainement essayé de trouver un nouveau moyen pour estimer même approximativement la quantité de feuilles sur laquelle on peut compter pour son éducation; et parmi ceux qui ont été proposés, ils sont ou d'une application difficile, ou n'offrent que des données très-incomplètes;

donc, jusqu'à ce que le coup d'œil tienne lieu de compas et de mesure, le plus simple selon moi est de choisir cinq arbres représentant à peu près par leur volume la commune de la plantation, de faire cueillir ces arbres et d'en peser la feuille. C'est un moyen qui n'a rien de scientifique, qui est tout bête, qu'on me passe l'expression, mais c'est le seul que je connaisse de praticable et de sûr. Au reste, l'habitude de calculer le poids en feuilles d'un mûrier s'acquiert assez vite; maintes femmes dans le midi jaugent ainsi à vue un arbre chargé de plusieurs quintaux de feuilles, et ne se trompent que d'une manière tout à fait insignifiante.

Sur des arbres nains bien conduits, un homme adroit et vigoureux doit, avec un peu d'habitude, ramasser trois à quatre cents kilogrammes de feuilles dans sa journée; sur des hautes tiges, dans le même état, deux cents à deux cent cinquante kilogrammes. Quand nous aurons des cueilleurs expérimentés, cette quantité s'augmentera d'un cinquième et même d'un quart. Nous n'en sommes malheureusement pas encore là.

Aussitôt après la cueillette, il faut visiter les mûriers et réparer avec la serpette les dégâts des cueilleurs, c'est-à-dire couper net les branches

cassées, froissées, déchirées. Cette opération ne
saurait suivre le ramassage de trop près. Si une
branche principale avait été fendue ou décollée
en partie, il faudrait rapprocher les fibres du
bois à l'aide d'une ligature solide que l'on recou-
vrirait avec une bonne couche de cire à greffer.
La cicatrisation serait prompte et certaine dans
la plupart des cas.

§ 4.

Maladie des mûriers.

Voici un paragraphe que je ferai forcément
court. Les mûriers, traités comme je conseille de
le faire, se portent à merveille, et je n'ai que
bien rarement essayé de les *médicamenter.* Je
conviendrai, avec ma franchise habituelle, que
je n'ai presque jamais réussi, et cependant j'ai
tenté en conscience tous les moyens qui m'ont été
préconisés. Je crois plus court, plus expéditif,
plus avantageux d'arracher dans sa jeunesse
un mûrier mal venant plutôt que de s'entêter à
vouloir faire prospérer un arbre qui, probablement, a un vice de constitution. Les mûriers bien

soignés doivent croître avec vigueur; s'ils ne le font pas, remplacez-les sans perdre de temps, ce qui serait très-difficile plus tard lorsqu'ils auront empoisonné le terrain, à moins de creuser un trou énorme où l'on rapporterait de la terre neuve. Il est très-probable que, dans ce cas, la dépense ne serait jamais compensée; or, je ne crois pas, en général, que l'on cultive des mûriers dans un autre but que leur rapport.

Quant aux chancres naissants, résultant des contusions que les charrues ou les tombereaux chargés du fumier font éprouver aux arbres, le remède est facile. Il s'agit simplement de parer les plaies à la serpette, c'est-à-dire d'enlever nettement tout le bois meurtri, puis de recouvrir le tout d'une emplâtre de cire à greffer maintenue par une bonne ligature. Un moyen plus sûr encore, mais qu'il n'est pas toujours possible d'employer, c'est d'enlever, sur un arbre auquel on tient peu, un carré d'écorce que l'on applique sur la plaie de l'arbre blessé (1).

(1) Sur un arbre inutile, de la même espèce, ou seulement du même genre que l'arbre blessé, pourvu seulement que les analogies soient suffisantes, on enlève une plaque d'écorce un peu plus grande que la plaie de l'arbre que l'on veut conserver, et on lui donne une forme régulière. On taille l'écorce de la plaie de l'arbre préféré dans la même forme, et les dimensions exactes de la plaque, de manière à ce que

Si une des principales branches d'un arbre se trouve détruite, on peut y remédier au moyen de la greffe (1); je suis parvenu ainsi à réparer un accident fort grave arrivé à un mûrier. Il s'agit de placer un écusson un peu au-dessous ou à côté de la branche cassée, puis d'activer la végétation de la nouvelle pousse par les procédés ordinaires.

Quelquefois toute une ligne de mûriers jaunit et se fane; ce fait, dont j'ai plusieurs fois été té-

l'on puisse y placer celle-ci, et l'y incruster avec le plus de justesse possible. Le liber de la plaque et du sujet se joignant parfaitement tout le tour, et la plaque bien appliquée sur l'aubier dans tous ses points, on maintient la greffe par une ligature et l'on couvre les bords de la plaie avec de la cire à greffer. Il est inutile de dire que cette opération ne peut se faire que pendant la sève, car un choc ne décolle guère l'écorce d'un arbre qu'à cette époque. Cependant, s'il en était autrement, on couvrirait la plaie avec l'onguent de Saint-Fiacre, et l'on attendrait le moment favorable pour opérer; mais alors il faudrait minutieusement nettoyer l'aubier et enlever jusqu'au vif toute la surface séchée ou moisie.

(L. NOISETTE. *Traité de la Greffe*, page 60.)

(1) On doit avoir un emporte-pièce avec lequel on enlève une plaque d'écorce sur laquelle il y a un œil vigoureux. Il faut qu'elle soit exactement de la même dimension que la plaie faite au sujet, afin de la remplir avec la plus grande précision. Lorsqu'elle est bien ajustée, on l'y maintient au moyen de la cire à greffer.

Cette méthode est excellente pour placer des écussons sur un vieil arbre dont l'écorce épaisse ne se prêterait pas à la greffe en écusson ordinaire.

(L. NOISETTE. *Traité de la Greffe*, pages 53 et 54.)

moin, a souvent été pour moi inexplicable. Quelques personnes l'attribuent à un épaississement de sève, à un coup de soleil, à une brusque variation de température. Toutes ces raisons m'ont paru fort hasardées et nullement satisfaisantes. Plus d'une fois j'ai sacrifié quelques mûriers dans cet état ; je les ai déterrés, j'ai disséqué les branches, le tronc, les racines, afin de m'assurer si ces arbres présenteraient quelques phénomènes extraordinaires ; je n'ai jamais rien trouvé ; les racines, le tronc, les branches étaient dans leur état normal, seulement la sève me paraissait moins abondante que dans les arbres en bonne santé.

Les mûriers, attaqués ainsi ordinairement vers la fin du mois d'août, restent languissants pendant toute la fin de la saison, et se dépouillent de leurs feuilles une quinzaine de jours avant les autres ; mais au printemps suivant, ils repartent de plus belle et semblent vouloir regagner le temps perdu.

Je n'ai pas encore pu m'assurer si l'exposition ou le terrain entraient pour quelque chose dans cette maladie, car dans une plantation située dans des veines de terre très-diverses, j'ai observé ce fait aussi bien dans le sable que dans l'argile.

S'il arrive qu'une plantation nouvelle languisse la seconde année, il est évident que le sol n'offre pas aux arbres une nourriture convenable et suffisante ; il est donc nécessaire de l'amender, soit par de la marne, des cendres ou des platras, s'il est froid, soit par du fumier, s'il est maigre, soit par des façons réitérées, si sa ténacité s'oppose au développement des racines ; il est rare que l'un de ces moyens, judicieusement employé, n'assure le succès définitif de la plantation.

A ce propos, je dirai que ce sont les plantations de deux ans qui exigent le plus de soins, cette seconde année étant, pour ainsi dire, le moment critique des mûriers mis en place. Cela se conçoit ; la première année ils trouvent un sol fraîchement remué, dans un parfait état, factice (qu'on me passe l'expression qui rend bien ma pensée), tandis qu'à la saison suivante leurs racines travaillent dans le sol réel, qui, ne leur offrant que bien rarement toutes les qualités du premier, exige de leur part un travail d'acclimatation plus ou moins difficile ; c'est donc pendant cette seconde année que le cultivateur de mûriers doit les veiller continuellement et les aider par tous les moyens que j'ai indiqués.

Si un mûrier vient à périr, son arrachage doit

6

être complet et immédiat. Il faut fouiller la terre avec soin et en extraire toutes les racines. Si l'arbre n'avait pas plus de trois années de plantation, son remplacement n'offrirait aucune difficulté ; mais s'il était plus vieux, on ne pourrait y procéder qu'après avoir laissé la terre ouverte pendant une année au moins.

Je me bornerai à ces prescriptions générales ; je préfère laisser quelque chose à désirer plutôt que d'engager ma responsabilité par des conseils hasardés. Je resterai jusqu'au bout dans le positif ; et si mon manuel ne contient l'annonce d'aucune de ces merveilleuses découvertes, si fréquentes de nos jours, il aura du moins le seul mérite réel qu'il dépendait de moi de lui donner, celui de ne préparer aucun mécompte, aucun regret à qui voudra bien le prendre pour guide.

CHAPITRE IV.

§ 1.

Des mûriers considérés comme arbres d'ornement.

Le mûrier est un arbre à feuilles larges et lui-
santes ; il se prête à toutes les formes, et supporte
la taille et même la tonte mieux que la plupart de
nos grands végétaux ; pourquoi donc ne l'emploie-
rait-on pas de préférence au tilleul, à l'orme, au
platane, pour les allées, les couverts et les arbres
de perspective, puisque ses feuilles ont une valeur
réelle et que son bois est excellent pour la menui-
serie, le charronnage et le chauffage.

Je ne saurais donc trop engager le planteur à

s'en servir pour former des avenues; il est des variétés dont quelques arbres font le plus bel effet sur une pièce de gazon; il en est d'autres, tels que le tortuosa, le nervosa, le buisson, qui, comme arbres d'ornement, ne le cèdent, pour le port et le contraste, à aucun de nos arbustes indigènes ou devenus de pleine terre.

Que de fois l'éducateur cueillerait avec satisfaction ces arbres sur lesquels il ne compterait jamais, mais qui viendraient réparer, soit l'insuffisance de sa récolte, soit l'exagération de ses calculs.

En général, il y a beaucoup de coins de terre perdus dans une exploitation qui en recevant un ou deux mûriers acquerraient une valeur réelle. J'appelle l'attention des planteurs sur cet objet, persuadé qu'il en est bien peu qui, leurs plantations régulières achevées, ne trouveraient pas moyen de placer encore, sans rien déranger, sans nuire à aucune autre culture, une centaine de mûriers, soit nains, soit hautes tiges; or, cent mûriers peuvent, au bout de dix ans, suffire amplement à la production de sept ou huit kilog. de soie, qui, au prix réduit de 50 fr., représentent une valeur de 350 fr.

Ces arbres pourraient encore en certains cas être sacrifiés à des expériences; c'est sur eux que leur propriétaire pourrait éclaircir ses doutes et tâtonner sans danger. Un nouveau mode de taille, de culture, est-il préconisé? il peut en essayer sans compromettre aucun sujet de ses plantations et ne pas se trouver placé dans l'alternative ou de ne pas rester au niveau des progrès de l'art séricicole, ou de payer fort cher les erreurs dont l'expérimentateur ne saurait se défendre.

§ 2.

Devis des frais de plantation et d'entretien d'un hectare de mûriers.

PLANTATION A HAUTE TIGE.

Je suppose ces mûriers placés en quinconce à 8 mètres d'intervalle; il s'en trouve alors environ 220 par hectare.

Plantation	Achat de 230 très-belles baguettes greffées à 60 fr. le $0_{l}0$. . . .	138 »
	Emballage et port.	20 »
	Trous de plantation d'un mètre carré sur 50 centimètres de profondeur à 10 centimes chacun.	22 70
	Plantation. Douze journées à 1 fr. 50 cent.	18 »
		198 70

1re *Année.* Façons d'entretien. Vingt journées
    à 1 fr. 50 cent. . . . . . . 30 »

2ᵉ Année.	Labour d'hiver autour des mûriers.		
	Six journées à 1 fr. 50 cent. . .	9	»
	Taille. Deux journées à 2 fr. . .	4	»
	Trois façons superficielles (trois journées par façon.) — Neuf journées à 1 fr. 50 cent. . .	13	50
		26	50
3ᵉ Année.	Labour d'hiver autour des mûriers.		
	Douze journées à 1 fr. 50 cent. .	18	»
	Taille. Quatre journées à 2 fr. .	8	»
	(1) Fumier . . . . Mémoire.		
	Trois façons superficielles. Dix-huit journées à 1 fr. 50 cent. . . .	27	»
		53	»
4ᵉ Année.	Labour d'hiver autour des mûriers.		
	Vingt-quatre journées à 1 f. 50 c.	36	»
	Taille. Six journées à 2 fr. . . .	12	»
	Trois façons superficielles. Trente journées à 1 fr. 50 cent. . . .	45	»
		93	»
5ᵉ Année.	Labour d'hiver complet à la charrue.		
	Trois journées à 10 fr. . . .	30	»
	Taille. Cinq journées à 2 fr. . .	10	»
	Trois façons superficielles. Cinquante journées à 1 fr. 50 cent.	75	»
		115	»

(1) Je ne puis donner le prix du fumier, cette dépense variant nécessairement selon l'importance de l'exploitation agricole et les localités.

6e *Année.* Comme la cinquième, plus le fumier.

7e *Année.* Récolte. Les frais d'entretien comme la cinquième et sixième année.

PLANTATION EN MURIERS NAINS.

L'espacement des mûriers nains sera de cinq mètres en tous sens ; il en entre à peu près 800 dans un hectare. Je dis *à peu près,* car la configuration plus ou moins régulière des pièces de terre fait nécessairement varier la quantité des arbres qui peuvent s'y placer. C'est au propriétaire à tirer parti de tout le terrain, en éloignant ou en rapprochant les mûriers selon ses exigences. Le nombre de mûriers que j'indique est donc plutôt approximatif que rigoureux. Cette observation s'applique également aux mûriers haute tige dont je viens de parler.

	Huit cents baguettes greffées, belles,	
	à 50 fr. le $0|0$.	400 »
	Emballage et port.	50 »
Plantation	Trous de plantation (1 mètre carré sur 50 centimètres de profondeur) à 10 centimes chaque. .	80 »
	Plantation. Cinquante journées à 1 fr. 50 cent.	75 »
		605 »

FAÇONS D'ENTRETIEN PENDANT LA PREMIÈRE ANNÉE.

Trois façons superficielles. Quatre-
vingts journées à 1 fr. 50 cent.   120 »

2ᵉ *Année*.
{
Labour d'hiver autour des mûriers.
  Vingt-quatre journées à 1 fr. 50.   36 »
Taille. Huit journées à 2 fr. . .   16 »
Trois façons superficielles. Quatre-
vingts journées à 1 fr. 50 cent.   120 »

172 »

3ᵉ *Année*.
{
Labour d'hiver autour des mûriers.
  Vingt-quatre journées à 1 f. 50.   36 »
Taille. Dix journées à 2 fr. . .   20 »
Trois façons superficielles. Cent
  journées à 1 fr. 50 cent. . .   150 »
Fumier. . . . . . Mémoire.

206 »

4ᵉ *Année*.
{
Labour d'hiver. Quarante-huit
  journées à 1 fr. 50 cent. . .   72 »
Taille. Quinze journées à 2 fr. .   30 »
Trois façons superficielles. Cent
  journées à 1 fr. 50 cent. . .   150 »

252 »

La cinquième année comme la quatrième ; les arbres sont en rapport.

PLANTATION EN HAIES.

Haie de 100 mètres de long en mûriers greffés :

Plantation
Cent baguettes greffées à 50 fr. le 0|0 50 »
Fossé d'un mètre de large sur 50 centimètres de profondeur. . . 10 »
Plantation. Trois journées à 1 fr. 50. 4 50
Trois façons superficielles. Trois journées à 1 fr. 50 cent. . . . 4 50

69 »

2e Année.
Labour d'hiver. Deux journées à 1 fr. 50 cent. . . . . . . 3 »
Trois façons superficielles. Trois journées à 1 fr. 50 cent. . . . 4 50
Taille. Une journée à 2 fr. . . . 2 »

9 50

3e Année.
Labour d'hiver. Quatre journées à 1 fr. 50 cent. . . . . . 6 »
Taille. Une journée à 2 fr. . . . 2 »
Fumier. . . . . . . Mémoire.
Trois façons superficielles. Six journées à 1 fr. 50 cent. . . . . 9 »

17 »

$$4^e \; Année. \begin{cases} \text{Labour \quad d'hiver. \quad Dix \quad journées} \\ \quad \text{à 1 fr. 50 cent. . . . . . .15 »} \\ \text{Taille. Une journée à 2 fr. . . 2 »} \\ \text{Trois façons superficielles. Vingt} \\ \quad \text{journées à 1 fr. 50 cent. . . . 30 »} \end{cases}$$

47 »

RAPPORT.

—

PRODUITS PROBABLES

D'un hectare de mûriers hautes tiges greffés , en adoptant le système d'assolement.

La moitié des 220 mûriers composant la plantation est de 110 mûriers.

Je suppose qu'au bout de sept ans ces mûriers donneront en moyenne 9 kil. de feuilles par pied, soit pour la plantation , 990 kil. , dont on pourrait très-facilement retirer 50 kil. de cocons ; le produit en feuilles s'augmentera chaque année , *au plus bas*, de 2 kil. par pied ; au bout de quatorze ans , on aurait donc déjà 22 kil. de feuilles par mûrier, soit pour la plantation , 2420 kil.

Ces calculs sont excessivement modérés , puisque je connais quantité de mûriers qui, à dix ans, rapportaient jusqu'à 30 et 40 kil. de feuilles.

D'un hectare de mûriers nains.

La moitié de huit cents pieds, dès la quatrième année, rendra 3 kil. de feuilles par mûrier, soit pour la plantation, 1200 kil. La dixième année, ces mêmes mûriers, dont le produit de chaque pied se sera augmenté de 2 kil. de feuilles par an, donneront au plus bas, 12000 kil. de feuilles devant suffire à la production de 900 kil. de cocons, qui, au prix moyen, représenteraient une valeur de 3600 fr.

D'une haie de mûriers greffés de 100 mètres sans assolement.

Cent mûriers, dès la quatrième année, rendront 300 kil., et leur produit, s'augmentant au plus bas de 1 kil. par an, donneront la dixième année 600 kil. de feuilles.

J'ai établi tous les calculs qui précèdent sur les parties les moins prospères des plantations bien dirigées que je connais; il est des parties de ces mêmes plantations qui, soit par l'exposition, soit par la nature du sol, donnent en moyenne un produit en feuilles d'un grand tiers plus élevé que celui que j'indique (1).

Quant aux frais de plantation, j'ai copié en quelque sorte les livrets des ouvriers que j'ai employés pour les plantations que j'ai personnellement fait exécuter.

CONCLUSION.

Ce petit livre, quoique fort court, contient, je pense, tout ce que doit savoir celui qui veut se livrer à la culture du mûrier. J'en ai écarté à dessein les discussions et les controverses, qui, trop souvent, n'ont d'autre effet que d'embrouiller les questions les plus simples. Je devais d'autant plus prendre ce parti, que nous possédons en France une tribune ouverte à toutes les opinions, à toutes les théories : je veux parler des *Annales séricicoles*. Cette publication annuelle contient une masse énorme de faits et d'observations que la plupart des personnes qui ont à cœur la prospé- .

(1) Il existe une quantité considérable de mûriers chez M. Camille Beauvais, chez M. Isidore Christophe à Montgeron, près Paris, qui, à sept ou huit ans, ont produit 15 à 16 et jusqu'à 20 kilog. de feuilles.
(M. FERRIER. — Ann. 1841, p. 328.)

rité séricicole de la France adressent à son bureau de rédaction. Là tous ces matériaux sont triés, classés, coordonnés, et leur publication permet à chacun de profiter des expériences, des découvertes de tous.

L'idée de cette revue appartient en très-grande partie à M. F. de Boullenois : il a pensé avec raison qu'il fallait aux éducateurs de vers à soie un centre commun où les lumières individuelles vinssent se réfléchir et former de leurs clartés réunies un phare éclatant qui pût guider notre industrie dans la carrière du progrès et du véritable mieux.

Du reste, si l'idée fut excellente, son exécution ne laisse rien à désirer, car les Annales sont devenues sans contredit, parmi les revues industrielles ou agricoles que nous possédons, une des plus riches et des plus complètes.

Là tous les procédés anciens et nouveaux sont appréciés et discutés; là le planteur est libre de choisir ceux qui lui semblent les meilleurs et de les expérimenter. Mais ce n'est qu'après s'être familiarisé avec la culture du mûrier qu'il peut faire ce choix. Il lui est indispensable, ce me semble, de trouver d'abord une méthode simple, facile et dégagée de tout bagage scientifique, qui pût diriger sûrement ses premiers pas.

Je terminerai cet opuscule par le discours que j'ai prononcé à la séance publique de la Société d'Agriculture de Tours, parce que, dans ce discours, je cherchais à faire ressortir les avantages de la culture du mûrier et de l'éducation des vers à soie, et qu'il me semble devoir servir de complément à mon manuel.

DE L'INDUSTRIE SÉRICICOLE

EN TOURAINE.

(Discours prononcé à la séance solennelle de la Société d'Agriculture
de Tours.)

———————

Messieurs,

En me voyant prendre la parole, vous prévoyez
déjà que je vous entretiendrai de l'industrie séricicole. Il ne peut en être autrement : chargé d'une
mission spéciale du gouvernement, et par ce besoin que nous éprouvons tous de parler du sujet
de nos méditations et de nos études, je devais
naturellement vous présenter quelques réflexions

sur la plus commode, la plus facile, la plus riche des branches de l'agriculture.

Il n'entre point dans le cadre étroit que je me suis tracé de vous faire l'éloge de l'agriculture en général. Depuis les immortelles Géorgiques de Virgile jusqu'aux travaux si éminents de Mathieu de Dombasle, de Thaër et de tant d'autres, assez de voix plus imposantes que la mienne s'élèvent pour la proclamer la première, la plus utile, la plus noble des occupations; qu'il me suffise de vous dire qu'aux yeux du philosophe et du législateur elle marche sans rivale, et que toujours sa prospérité ou sa langueur sera le critérium infaillible pour juger de la santé d'une nation.

Or, l'art de cultiver les mûriers et d'élever les vers à soie se liant étroitement aux travaux des champs, il participe nécessairement pour sa part à l'importance acquise à l'agriculture.

Je vous ai dit que, de toutes ses branches, l'industrie séricicole était la plus commode, la plus facile, la plus riche. Serai-je assez heureux pour faire passer ma conviction dans vos esprits? non pas cette conviction fugitive et stérile, mais cette conviction féconde qui se traduit en faits. Si je n'y réussis pas, ce sera ma faute, Messieurs, c'est que j'aurai su obscurcir les vérités les plus évidentes et rester bien au-dessous du sujet que j'ai l'honneur de traiter devant vous.

L'industrie séricicole sollicite naturellement l'attention des propriétaires fonciers qui, par goût, se sont réservé la direction de quelques hectares de terre, ou qui passent à la campagne les plus beaux jours de l'année; elle convient à ces personnes qui, sans dédaigner les travaux des champs, ne peuvent, par leurs habitudes, s'accommoder des occupations incessantes et sévères que donne un faire-valoir si peu étendu qu'on le suppose. En effet, Messieurs, l'agriculture, dans l'acception générale du mot, veut qu'on se donne à elle corps et âme sans partage; et, sous peine de la voir échanger sa corne d'abondance contre le tonneau des Danaïdes, elle réclame tous les jours que Dieu donne, et cela depuis que le soleil blanchit un horizon jusqu'à ce qu'il s'éteigne à l'autre. — L'exploitation d'une magnanerie n'est pas si exigeante; deux mois d'un travail qui n'est point sans un certain attrait, parce qu'il a le don de passionner toujours, et qui, au fond, n'est qu'une surveillance plus attentive que pénible, suffisent pour convertir en une matière précieuse la feuille des mûriers, et, une fois les cocons récoltés et vendus, le propriétaire n'a plus que quelques soins bien simples et bien faciles à faire donner à ses plantations. Les bâtiments affectés à la magnanerie peuvent eux-mêmes, jusqu'à l'année suivante, subir plusieurs destinations, et devenir des celliers, des greniers, des granges.

Vous avez sans doute remarqué, Messieurs, que je vous ai parlé souvent de la vente des cocons comme du point où doivent s'arrêter les préoccupations des propriétaires : tant que cet usage ne s'introduira pas en Touraine, tant que la production ne se séparera pas bien nettement de la fabrication, il ne faut compter sur aucun progrès réel. En effet, que l'on examine la marche des nations dans les voies industrielles, que voit-on ? la production et les industries qui mettent ces productions en œuvre, réunies d'abord dans la même main ; mais, à mesure que la civilisation s'avance, on remarque que la production et la fabrication tendent à se séparer, et se séparent de plus en plus. Au reste, ce qui se passe, ce qui s'est passé dans les départements du Midi est là pour convaincre qui veut ouvrir les yeux. C'est de leur entrée plus ou moins complète, plus ou moins rapide dans la voie que je viens de vous indiquer, que date en raison directe leur prospérité séricicole.

Ainsi délivrée de tous les embarras, de toutes les chances qu'offre la filature, la direction d'une magnanerie devient beaucoup plus commode, beaucoup plus facile, et occupe au plus pendant deux mois ; elle reste purement agricole et ne laisse plus aucune inquiétude sur le placement de ses produits. Ainsi, dans le Midi, lorsque, par suite de fluctuations commerciales, les soies ne trouvent point leurs débouchés ordinaires, les cocons se vendent toujours et leur prix ne fléchit point en proportion de celui des soies, ce qui sans doute a donné lieu à cet axiome populaire des Cévennes : Les cocons, c'est de l'or; la soie, c'est de l'argent.

Mais ainsi simplifiée, Messieurs, l'industrie séricicole peut se simplifier encore. Un propriétaire qui ne se sentirait aucun goût pour l'éducation des vers à soie peut se contenter de planter des mûriers, dont il vendra la feuille. Alors ses plantations seules réclameront ses soins, et le revenu qu'il en tirera sera encore sans comparaison avec les plus beaux revenus de prairies, de terres arables, de vignes. C'est surtout de ce dernier mode d'exploitation que je vous prie, Messieurs, de considérer tous les avantages ; dans ce pays surtout, où la disette de feuilles commence à se faire sentir, et où, chaque année, plusieurs centaines de vieux mûriers disparaissent sans être remplacés. Il est évident que la valeur vénale des jeunes plantations, qui, faites à présent, viendraient au secours d'une industrie qui meurt peu à peu d'inanition, serait considérable, puisque, dans le Midi, dans ces départements où le mûrier est partout, le fonds d'un hectare de terre bien planté et en plein rapport se vend communément de 8 à 10,000 francs.

Mais il faut se hâter : déjà des communes entières, dont presque tous les toits abritaient, chaque année, une éducation, fatiguées d'aller cueillir au loin, de ramasser à grand'peine, sur des mûriers agonisants, quelques sacs de feuilles qu'ils rapportaient flétries, ont abandonné une industrie héréditaire; d'autres, plus heureusement situées, telles que Véretz, Ballan, etc., luttent encore et conservent tant bien que mal de vieilles traditions; mais, si de nouvelles plantations ne viennent bientôt alimenter l'éducation des vers à soie, cette source de prospérité, cette industrie qui a transformé les montagnes sauvages et incultes du Vivarais en un pays riche et fertile, où la civilisation et l'aisance ont remplacé la pauvreté et la barbarie, disparaîtra complétement et ne sera plus qu'un souvenir, qu'une

tache pour le pays, permettez-moi de vous le dire,
Messieurs!

Au reste, je vous l'avouerai, j'ai cherché vainement à m'expliquer la cause de l'espèce d'in-
différence, de défaveur même qui s'attache dans
ces contrées à l'industrie séricicole. On traite légèrement une branche de l'agriculture dont les
produits s'élèvent en France à la somme de plus
de cent millions. On conteste les progrès immen-
ses qu'elle a faits depuis quelques années; on
parle de sol, de climat, de mécomptes, d'impos-
sibilité, que sais-je, et le tout sans remonter aux
causes premières de ces mécomptes sur des indi-
cations vagues, intéressées peut-être, erronées
bien souvent, défavorables toujours. On dirait
vraiment qu'il s'agit de quelque chose de nouveau, d'inconnu, d'inexpérimenté; comme si
dans notre France, à quelques pas de nous, la
question n'était point tranchée, le problème
n'était pas résolu, et par les départements vieux
dans cette industrie, et par les départements qui
viennent de s'en doter, et qui, comme celui de la
Côte-d'Or, y marchent à pas de géant.

Eh! pourquoi, Messieurs, cette industrie, qui
a enrichi tous les pays qui l'ont dignement ac-
cueillie, ne prospèrerait-elle pas en Touraine, si

on l'aidait un peu ? Son sol convient au mûrier ; son climat, moins âpre que celui des Cévennes, moins brûlant que celui des autres contrées sérigènes du Midi, rend les éducations plus faciles et plus sûres ; sa constitution agricole même est favorable au libre et plein développement de l'industrie qui nous occupe. Espérons donc, Messieurs, puisque tout semble se réunir pour nous le faire espérer, qu'acceptant les richesses qui lui sont offertes, ce département se couvrira de plantations florissantes, de magnaneries fonctionnant bien ; qu'il prendra, dans la production des soies, la place qu'il devrait occuper depuis longtemps ; et que les produits de ses filatures recevront enfin droit de cité sur les marchés de Paris, de Lyon et de Beaucaire.

Vous comprendrez sans doute, Messieurs, combien je regrette d'être obligé de vous dire sommairement que les bénéfices d'une exploitation séricicole, aujourd'hui que des procédés aussi simples que rationnels permettent de considérer ses produits comme réguliers et assurés, que les bénéfices, dis-je, d'une exploitation séricicole dirigée convenablement s'élèvent, en moyenne, à 15 pour 0/0 du capital employé, tous frais compris. Je voudrais, profitant de l'honneur qui m'est accordé

de vous entretenir quelques instants, vous parler
le langage inflexible des chiffres, vous citer des
faits, examiner avec vous quelques-uns des do-
cuments que je possède à ce sujet; mais j'ai déjà
tant abusé de votre attention, que vous m'accusez
peut-être d'avoir oublié que cette séance solennelle
de la Société d'Agriculture de Tours est un jour
de fête, puisqu'elle y décerne des prix et des
couronnes. Vous excuserez, Messieurs, la vivacité
de mes paroles en songeant que, quoique étranger
à ce département, je m'y suis fixé dans l'espoir
que, soutenu par le gouvernement qui m'a
nommé, protégé par l'administrateur habile à
qui ce département a été confié, et dont vous
savez tous, Messieurs, la haute capacité et le zèle
pour les améliorations véritables; enfin qu'encou-
ragé par vous, qui avez bien voulu m'accueillir
dans votre sein, je parviendrai à raviver en Touraine une culture dont les bienfaits seraient im-
menses pour les campagnes. Vous m'excuserez
encore en considérant qu'il était de mon devoir
de profiter du concours des personnes influentes
que cette solennité rassemble, pour essayer de
faire entendre quelques-unes de ces vérités à la
propagation desquelles tendent tous mes efforts,
tous mes travaux : heureux si j'avais détruit

quelques préventions, ou acquis de nouveaux suffrages à la plus simple, à la plus commode, à la plus riche des industries agricoles!

Extrait du rapport de la Commission sur l'exposition publique d'horticulture, par M. GATIAN DE CLÉRAMBAULT.

. . . .

Quant aux théories de M. de Chavannes en ce qui concerne la plantation du mûrier, elles paraîtraient évidemment paradoxales si l'expérience ne venait pas en confirmer le mérite. M. de Chavannes rabat les racines de l'arbre jusqu'à sept ou huit centimètres; le nouveau chevelu partant toujours du bourrelet qui se forme à l'extrémité de la racine tranchée, ce chevelu pousse avec d'autant plus de vigueur, chez le mûrier du moins, qu'il est plus rapproché du centre de vie, c'est-à-dire du tronc. Quelques membres de la commission ayant exprimé des doutes sur la bonté de ce système, M. de Chavannes, avec cet empressement, cette spontanéité qui

naissent d'une conviction profonde , a immédiatement sacrifié un de ses jeunes mûriers dont
la végétation était remarquable , et , la preuve
à la main , nous a démontré que son système
ne reposait pas sur une vaine théorie.

. . . .

Baguette greffée,
taillée & habillée
pour sa mise en place.

Baguette greffée,

Baguette greffée,
un mois après
sa plantation.

La même ébourgeonnée.

Figure 1.

Fig. 2.

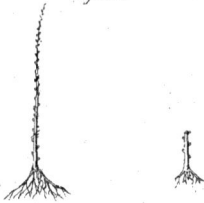

Baguette greffée
au commencement
de la 2.ᵉ année.

La même taillée.

Baguette greffée
à la 3.ᵉ année.

La même taillée.

Arbre formé.

Fig 3

Fig. 4.

Fig. 5.

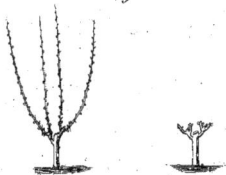

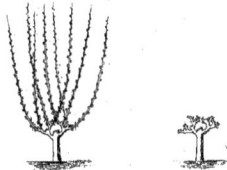

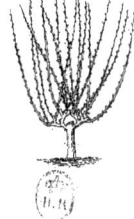

Lith. Chalée r. Royale 56, Tours.

CATALOGUE

D'UNE PARTIE DES VARIÉTÉS DE MURIERS

Cultivés à la pépinière départementale de Mettray.

La création toute récente de la pépinière de Mettray ne me permet pas encore d'asseoir un jugement positif sur toutes les variétés de mûriers que j'y ai introduites. J'ai au contraire été obligé de le suspendre chaque fois que les sujets d'une même variété me présentaient une dissemblance notable, soit dans leur végétation, soit dans leurs feuilles.

Le nombre d'astérisques qui précède chaque désignation indique la vigueur plus ou moins grande avec laquelle végète chaque variété.

Le terrain de la pépinière est un mélange d'argile et de sable. Maigre et pierreuse, la couche végétale n'a guère que vingt-cinq centimètres d'épaisseur. Le sous-sol, composé de sable et de pierrailles, est parfaitement perméable.

Ce terrain est légèrement incliné de l'est à l'ouest; dans la partie supérieure, c'est l'argile qui domine; dans la partie inférieure, c'est le sable.

** Fleur de lis.) Ces deux variétés, fort connues,
** Rose.   )   sont en général très-estimées.

*** More grise. — Sa feuille est large, mais un peu dure.

*** Longue de Sienne. — Dito.

** Colombasse. — Feuilles rudes et épaisses.

* Parchemin. — Feuilles très-dures.

** Margot de Cabane. — Feuilles excellentes.

*** Tardif de Sénéclauze. — Tardif, feuilles très-larges.

*** Vierge. — Feuilles belles et bonnes; peu de mûres.

*** Tardif de l'Arriége. — Feuilles rudes.

****** Tardif du Gatinais. — Feuilles énormes, ayant plus
de 25 centimètres de dia-
mètre en tous sens; excellentes.

***** Elata. — Feuilles très-larges, excellentes.

**** Noir d'Espagne. — Feuilles rudes.

**** Belle-Blanche de Provence. — Feuilles belles.

***** Mâle du Comtat. — Bonnes et belles.

*** Colombassette. — Bonnes, un peu petites.

*** Horizontalis. — Feuilles fines, soyeuses, excel-
lentes.

**** Escalan. — Bonne; variété productive.

*** Blanc d'Espagne. — Bonnes.

**** Blanc de Provence. — Larges, bonnes.

*** Rouge d'Espagne. — Dures, velues.

** Integrifolia lucida. — Trop épaisses.

***** Tardif de Grand-Maris. — Feuilles excellentes et
très-grandes.

*** Nain. — Feuillage très-serré; feuilles petites,
bonnes.

*** Petit-Blanquet. — Excellent; feuilles fines, soyeu-
ses.

**** Pecon rouge. — Feuilles dures, rudes.

*** Gris de Provence. — Dito.

** Nervosa. — D'agrément.

** Tortuosa. — Singulier par la forme contournée de
son tronc, de ses branches et de
ses feuilles.

Les variétés que je recommande aux personnes
qui voudraient créer des plantations sont :

Fleur de lys; — Rose; — Margot de Cabane; — Tardif
de Sénéclauze; — Vierge; — Tardif du Gatinais; — Élata;
— Horizontalis; — Escalan; — Mâle du Comtat; — Petit-
Blanquet; — Tardif de Grand-Maris.

FIN.

Tours, Imp. de Mame.

ERRATA.

Page 60 , ligne 13, — inférieures, lisez : *intérieures.*
Page 66, ligne 4 , — leur végétation sera donc point contrariée, lisez : *sera donc contrariée.*

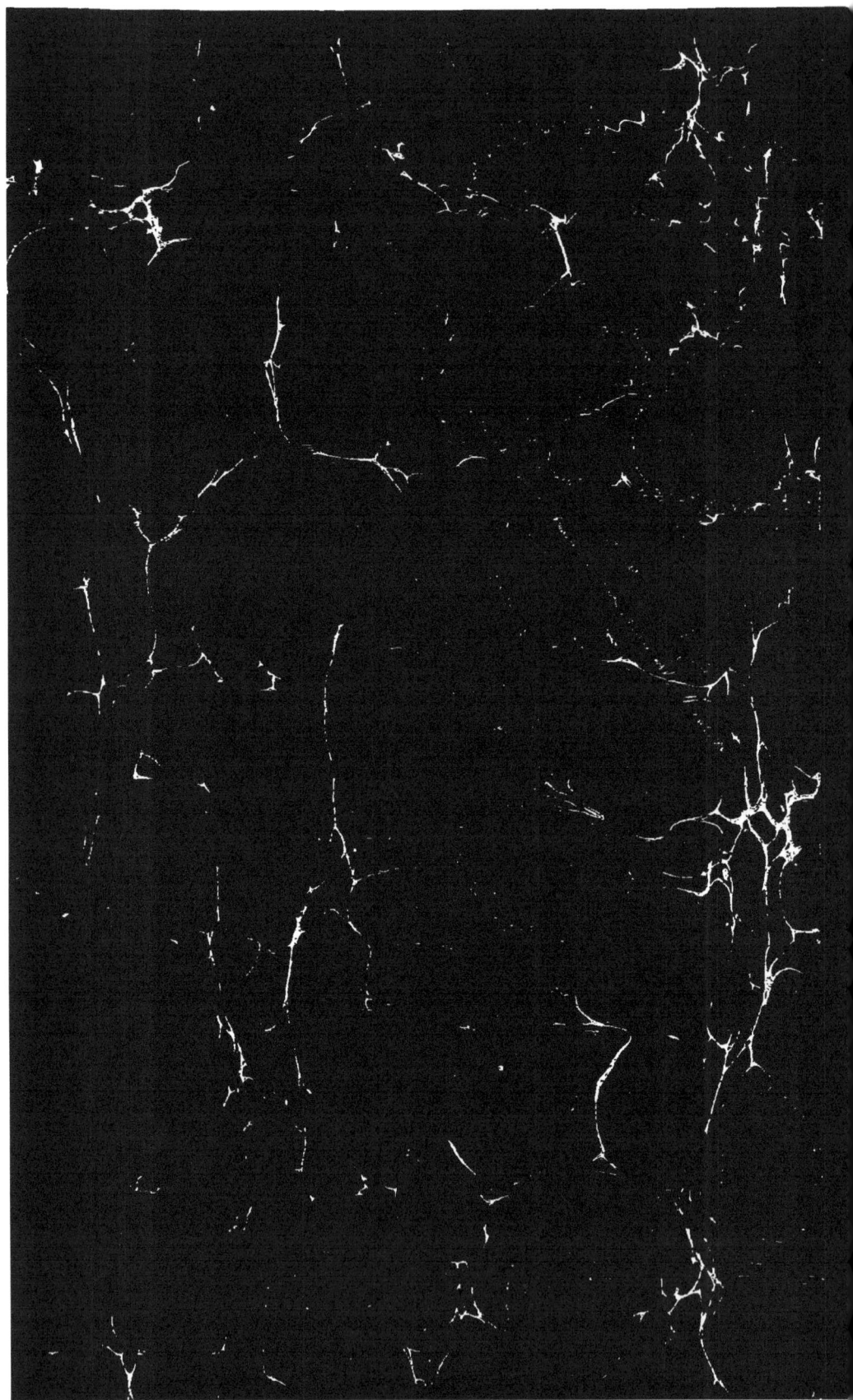

www.ingramcontent.com/pod-product-compliance
Lightning Source LLC
Chambersburg PA
CBHW062030200326

41519CB00017B/4988